Ein eigenes Haus
selbst gebaut
in 1000 Stunden

Peter Jocher

Ein eigenes Haus selbst gebaut in 1000 Stunden

Der Rohbau vom Keller bis zum Dach

Mit Aufnahmen von Jürgen Ropönus

Bechtermünz

Inhalt

Genehmigte Lizenzausgabe für Verlagsgruppe Weltbild GmbH, Augsburg
Copyright © 1994 by Verlag Georg D. W. Callwey GmbH & Co., München
Umschlaggestaltung: Silvia Braunmüller, Büro Lehmacher, Friedberg (Bayern)
Umschlagmotiv: Mauritius, Mittenwald
Gesamtherstellung: Offizin Andersen Nexö, Leipzig

Printed in Germany

ISBN 3-8289-2414-X

2005   2004   2003   2002
Die letzte Jahreszahl gibt die aktuelle Lizenzausgabe an.

Vorwort

Der Traum vom eigenen Heim – wer hat den noch nicht geträumt. Der Wunsch nach den eigenen vier Wänden, die Vorstellung, einen eigenen Garten zu besitzen, danach sehnen sich viele Menschen.

Besonders die hohen Bau- und Grundstückspreise lassen die Vision vom eigenen Heim jedoch dahinschwinden. Eine fertige Immobilie zu kaufen scheitert oftmals an den hohen Erwerbskosten für das jeweilige Objekt. Als Alternative zum Kauf eines Hauses bietet sich der sogenannte Selbstbau an. Durch Eigenleistung zu sparen und so dennoch zu den eigenen vier Wänden zu kommen, ist hierbei das Motto.

Dieses Buch soll vor allem dazu beitragen, dem „Häuslebauer" die Entscheidung zum Hausbau zu erleichtern. Hier wird beschrieben und durch praktische Beispiele und Tips dokumentiert, daß das „Abenteuer Bauen" doch nicht so unüberwindbar ist, wie es manchem erscheint.

Peter Jocher

Grunderwerbs- und Baukosten

An einem kommt man beim Bauen mit Sicherheit nicht vorbei, der Suche nach dem lieben Geld. Es ist außerordentlich wichtig, daß Sie Ihren finanziellen Rahmen abstecken. Die folgende Aufstellung hilft Ihnen dabei, die anfallenden Kosten besser in den Griff zu bekommen. Unterstützung bei dieser Arbeit können Sie auch bei Freunden oder Verwandten, die schon gebaut haben, finden. Sie haben oft schon detaillierte Unterlagen über die diversen Ausgaben, die beim Bau ihres Hauses angefallen sind.
Die folgende Kostenübersicht soll Ihnen helfen, alle Kostenarten zu berücksichtigen.

Grundstückskosten

Grundstückskosten
Grunderwerbssteuer
Maklergebühren
Notarkosten
Grundbucheintragung
Gebühren Vermessungs-
amt
Evtl. Bodengutachten
(ca. 800,- bis
1000,- Euro)

Gesamtkosten

Entwurfs- und Planungs-kosten

Vorentwurf
Eingabeplanung
Werk- und Detailplanung
Genehmigungsgebühren
Bauleitung

Gesamtkosten

Baukosten (Rohbau)

Aushub/
Sauberkeitsschicht   _____
Schnurgerüst   _____
Baustrom und Wasser   _____
Baustelleneinrichtung
(z. B. Bauwagen)   _____
Bodenplatten/
Grundleitungen   _____
Materialkosten Steine   _____
Materialkosten Decken   _____
Materialkosten Treppen   _____
Materialkosten Kamine   _____
Materialkosten Stürze/
Rolladenkästen   _____
Materialkosten
Abdichtung (Keller)   _____
Dachstuhl   _____
Dacheindeckung   _____
Dachdämmung   _____
Spenglerarbeiten   _____
Drainageleitungen   _____
Lichtschächte   _____
Auffüllen der Baugrube   _____
Fenster und Außentüren   _____
Baugerüst   _____
  _____
  _____
  _____
  _____

Gesamtkosten   _____

Baukosten (Ausbau)

Heizung- und Wasser-
installation   _____
Strominstallation   _____
Innenputze   _____
Außenputze   _____
Estrich   _____
Rolladeneinbau   _____
Fliesenarbeiten   _____
Sanitärinstallationen   _____
Innentüren   _____
Kachelöfen oder Kamine   _____
Fensterbänke   _____
Holzdecken   _____
Balkongeländer   _____
Treppenbeläge   _____
Einbauten z. B. Küche,
Bad   _____
Teppichböden   _____
Gerüstkosten   _____
  _____
  _____
  _____
  _____
  _____
  _____
  _____

Gesamtkosten   _____

Baunebenkosten

Kanalverlegungsarbeiten   _____
Wasserzulauf   _____
Stromversorgung   _____
Anschlußgebühren Strom   _____
Anschlußgebühren
Wasser   _____
Baustrom- und Wasser-
gebühren   _____
Bauherrenhaftpflicht-
versicherung   _____
Geldbeschaffungskosten   _____

Gesamtkosten   _____

Außenanlagen

Garage/Carport   _____
Erdarbeiten   _____
Zäune, Tore   _____
Pflasterarbeiten   _____
Eingangspodest   _____
Terrasse   _____
Gartengestaltung   _____
   _____
   _____
   _____
   _____

Gesamtkosten   _____

Gesamtkosten

Grundstück   _____
Entwurfs- und Planungs-
kosten   _____
Baukosten (Rohbau)   _____
Baukosten (Ausbau)   _____
Baunebenkosten   _____
Außenanlagen   _____
   _____
   _____
   _____
   _____

Gesamtkosten   _____

Finanzierung

Im gleichen Maße wie die Baukostenübersicht ist natürlich die Finanzierung des gesamten Bauvorhabens wichtig. Sie ist oft entscheidend dafür, wie hoch das Budget zum Erwerb eines Grundstückes ist. Die folgenden Tabellen geben Ihnen einen Überblick über die individuellen Möglichkeiten einer soliden Finanzierung.

Arbeiten Sie die Aufstellungen und Tabellen so genau und umfassend wie möglich aus. Sie erhalten hierbei einen umfassenden Überblick Ihrer finanziellen Situation und Ihrer realistischen Finanzierungsmöglichkeiten. Zudem haben Sie hiermit umgreifende Unterlagen, mit der sie zu Ihrer Hausbank gehen und sich dort noch zusätzlich beraten lassen können.

Fremdmittel

Bereits vorhandene Finanzierungsmöglichkeiten

Hypotheken _____
Lebensversicherung _____
Bauspardarlehen _____
Bausparzwischenfinanzie-
rung _____
Bausparvorausdarlehen _____
Arbeitgeberdarlehen _____
Gestundete Restkaufgelder _____

Gesamt _____

Eigenmittel und Eigenmittelersatz

Geldmittel _____
Spargelder _____
Guthaben/Banken _____
Wertpapiere _____
Ansparsumme des
Bausparvertrages _____
Vorhandenes Baugrund-
stück _____
Belastung anderweitiger
Grundbesitz _____
 _____
 _____
Zwischensumme 1 _____
Eigenleistungen _____
Öffentl. Baudarlehen _____
Familien-Zusatz-Darlehen _____
Aufwendungszuschuß _____
Sonstige zinslose
Darlehen _____
 _____
 _____
Zwischensumme 2 _____

Eigenmittel gesamt _____

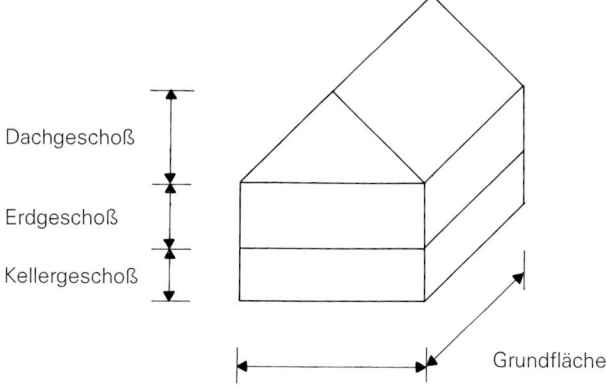

Dachgeschoß

Erdgeschoß

Kellergeschoß

Grundfläche

Monatliche Belastung

Selbstauskunft
Monatliches Netto-
einkommen

Sonstiges Einkommen

Gesamteinnahmen

Feste Ausgaben
Wohngeld/Garage
Nebenkosten
(Strom, Heizung, Wasser)
Feste Kosten des
Haushalts
Versicherungen
Spar-/Bausparbeiträge
Bestehende Bankkredite
Lebenshaltungskosten
Anderweitige Verpflich-
tungen/Grundbesitz
Sonstiges

Gesamtausgaben

Rate Finanzierung

Überschuß

Man kann auch die gesamten Baukosten, das heißt die Erstellungskosten eines Hauses, über den „Umbauten Raum" grob errechnen. Dazu benötigt man das sogenannte Bauvolumen eines Hauses, das sich vereinfacht folgendermaßen berechnet.

Die Grundfläche des Hauses beträgt
$7 m \times 10 m = 70 m^2$.
Das Kellergeschoß mit dem Erdgeschoß hat eine Höhe von 6m.
Das ergibt ein Volumen von
$70 m^2 \times 6 m = 420 m^3$.
Das Dachgeschoß hat eine Höhe von 4m:
$70 m^2 \times 4 m = 280 m^3$.
Wegen der Dachschräge wird nur die Hälfte des Volumens berechnet.
$280 m^3 : 2 = 140 m^3$.
Somit ergibt sich ein Bauvolumen von insgesamt $420 m^3 + 140 m^3 = 560 m^3$
umbauter Raum.
Im Normalfall rechnet man für einen Kubikmeter umbauten Raumes je nach Ausstattung des Hauses zwischen 300,-Euro und 350,-Euro.
Für Nebengebäude wie Garagen oder Carports sind ca. 90,- bis 110,-Euro pro Kubikmeter zu veranschlagen.
Anhand der Beispiel-Skizze eines Hauses würde das Bauvorhaben etwa zwischen 175 000,- und 200 000,-Euro kosten. Die von Ihnen eingebrachte Eigenleistung ist von diesem Betrag noch abzuziehen.
Aber Achtung! In diesem Betrag ist nur das Haus berücksichtigt. Grundstück, Planung, Baunebenkosten und Außenanlagen sind hierbei noch unberücksichtigt und entsprechend zu addieren.

Der Weg zum richtigen Grundstück

Neubaugebiet oder Baulücke, ruhige Lage oder gute Infrastruktur: Der zukünftige Standort des Hauses sollte sehr gut durchdacht werden. Anhand von folgenden Punkten können Sie Ihre individuelle Checkliste zusammenstellen und zudem erkennen, worauf Sie beim Kauf eines Grundstückes achten müssen.

Die Infrastruktur

- Wie ist es mit *Schulen* und *Kindergärten* bestellt?

- Sind genügend *öffentliche Verkehrsmittel* vorhanden?

- Wie ist es mit Ihrem zukünftigen *Weg zu Ihrem Arbeitsplatz* bestellt?

- Gibt es *Freizeitmöglichkeiten* für die Familien?
  Freibad, Hallenbad, Sauna, Kinderspielplätze, Grünanlagen, Restaurants, Kinos, Theater, Sportvereine . . .

- Wie sieht es mit *Einkaufsmöglichkeiten* aus?
  Geschäftsstraßen, Supermärkte, Apotheken, Drogerien, Boutiquen . . .

- Gibt es ausreichend *medizinische Versorgung* am Ort?
  Ärzte, Krankenhaus, Altenpflegeheim . . .

Geben Sie den einzelnen Punkten Ihre Gewichtung und erstellen Sie hiermit ein Ortsprofil, das Ihren persönlichen Ansprüchen am nächsten kommt. Es wird Ihnen bei der Suche nach Ihrem Traumgrundstück mit Sicherheit helfen. Letztlich sind die Erwerbskosten für den Kauf eines Grundstückes ausschlaggebend. Hierbei darf man jedoch nicht der Schlußfolgerung unterliegen, daß der Kaufpreis sogleich den tatsächlich anfallenden Kosten entspricht. Sicher sind die Grundstücke auf dem Land oft erheblich billiger als in der Stadt. Dabei ist jedoch zu bedenken: Muß sich die Familie einen Zweitwagen anschaffen, so schlägt diese Ausgabe und der Unterhalt des PKWs zu Buche. Des weiteren kann es ein erheblicher Zeitaufwand für die Eltern bedeuten, Kinder zur Schule, Kindergarten oder Sportverein zu fahren.
Ein weiterer Punkt ist der Wiederverkauf. Eine Immobilie mit attraktiver Lage läßt sich in der Regel wesentlich besser verkaufen als ein Haus mit abgelegenem Standort.

Lage und Ausrichtung des Baugrundes
Ist bei der Planung für das Haus eine vernünftige Süd-/West-Lage realisierbar?

Baugrundbeschaffenheit
Fragen Sie die Nachbarn oder bei der zuständigen Gemeinde über die Bodenverhältnisse nach. Bei hohem Grundwasserstand ist für Ihr Bauvorhaben eine Betonwanne erforderlich, und diese kann die Kosten für den geplanten Keller verdoppeln.
Im Zweifelsfall lassen Sie ein Bodengutachten erstellen (Kosten dafür 800,- bis 1000,- Euro.

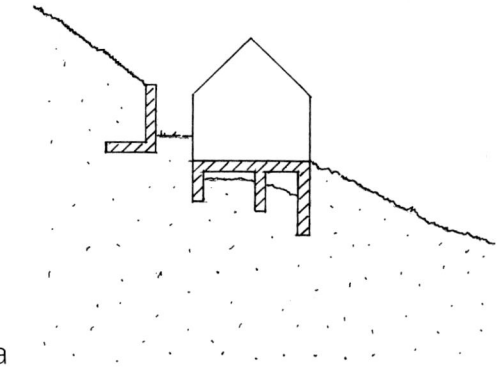

a

4 Verschiedene Baugrund-
beschaffenheiten

a Achtung: Oberflächenwasser
vom Berghang

b Achtung: Grundwasserwanne
erforderlich

c Achtung: Moorlinse,
Gründung erschwert

d Hang: Terrasse zur
abfallenden Seite

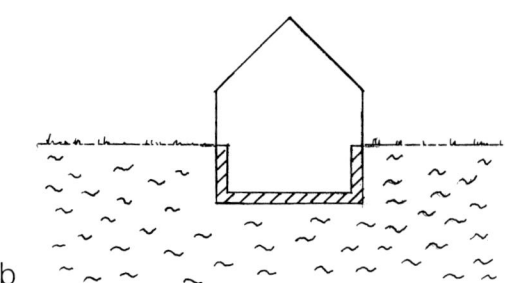

b

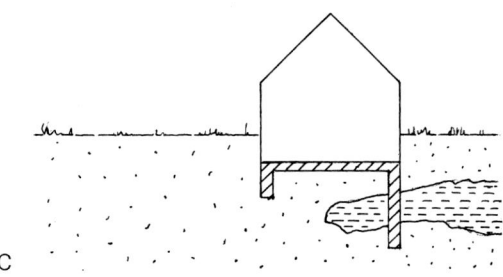

c

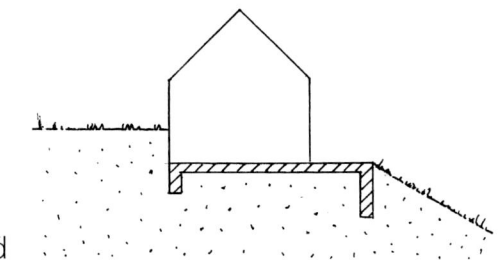

d

5   Das ideale Grundstück?

Ist das Grundstück erschlossen?
Sind in der angrenzenden Straße Wasser- und Abwasserleitungen, Gas- und Elektroversorgung vorhanden?

Wie sieht es mit altem Baumbestand aus?
Alte Bäume, so schön sie sind, können bei der Bebauung erhebliche Schwierigkeiten bereiten. Erkundigen Sie sich beim zuständigen Landratsamt, ob ein Baumbestandsplan vorhanden ist und welche Bäume unbedingt erhalten werden müssen. Diese Maßnahme schützt Sie vor unliebsamen Überraschungen bei der Planung Ihres Bauvorhabens.

Neubaugebiet oder Baulücke?
Eine Baulücke ist oft reizvoller als ein Neubaugebiet. Es ist dabei jedoch zu bedenken, daß sich die geplante Baumaßnahme nach der umliegenden Bebauung richten muß. Bei Neubaugebieten sollte man daran denken, daß sich die umliegenden Bauvorhaben oft jahrelang hinziehen und so eine entsprechende Minderung der Wohnqualität mit sich bringen.

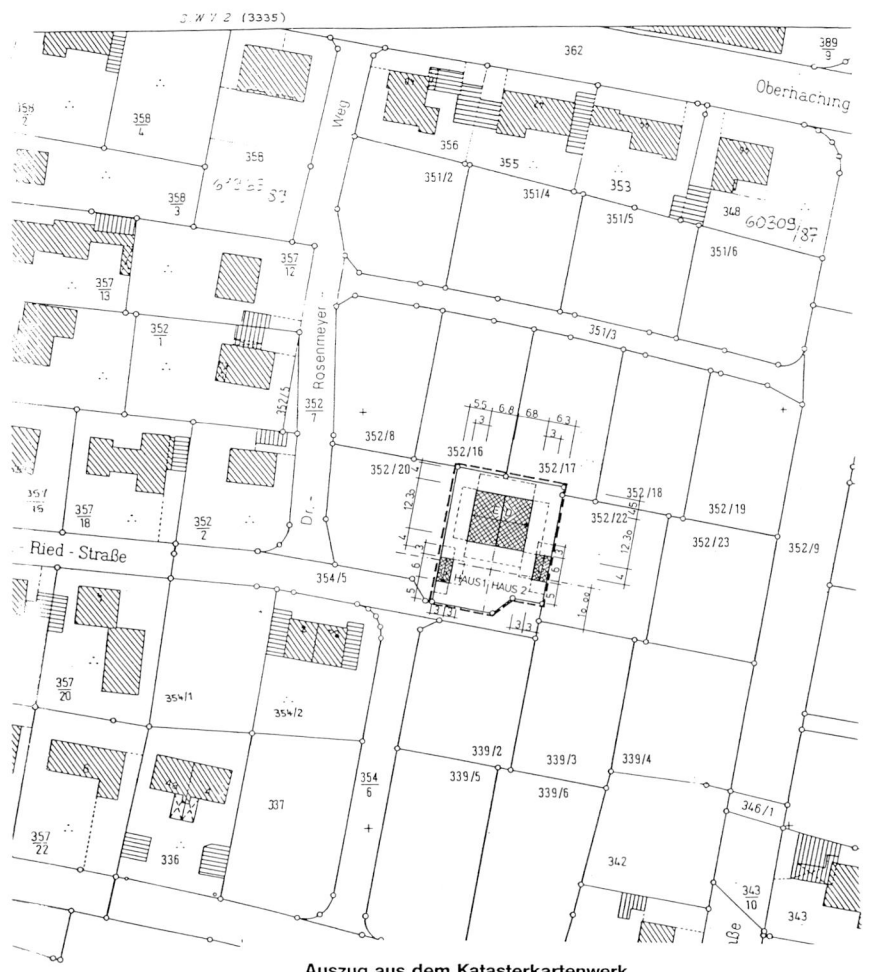

Auszug aus dem Katasterkartenwerk

6   Im Lageplan erkennen Sie Grenzabstände, bestehende Gebäude und Nebengebäude sowie Straßen und Himmelsrichtungen. Die jeweiligen Flur-Nummern sind eingetragen.

Welche Bebauung ist möglich?

Dazu benötigen Sie auf jeden Fall einen gültigen Bebauungsplan (er beinhaltet alle Daten, die zur Planung nötig sind). Sie erhalten ihn bei dem zuständigen Bau- und Katasteramt. Sollte kein gültiger Bebauungsplan vorhanden sein – und das ist oft der Fall –, hilft Ihnen der amtliche Lageplan weiter. Bei Planungsarbeiten ohne gültigen Bebauungsplan ist oft die umliegende Bebauung maßgebend.

7   Das zeigt ein Bebauungsplan:

•—•—•—•	Änderung der Nutzung,
—————	Baugrenze,
—·—·—·—	Baulinie,
▬▬▬▬	Grenze des Bebauungsplanes,
⬠	Einfamilienhaus,
①	Anzahl der Geschosse,
WR	reines Wohngebiet,
GRZ 0.2	20% des Grundstücks bebaubar,
GFZ 0.2	Nutzfläche darf nur 20% des Grundstückes betragen.

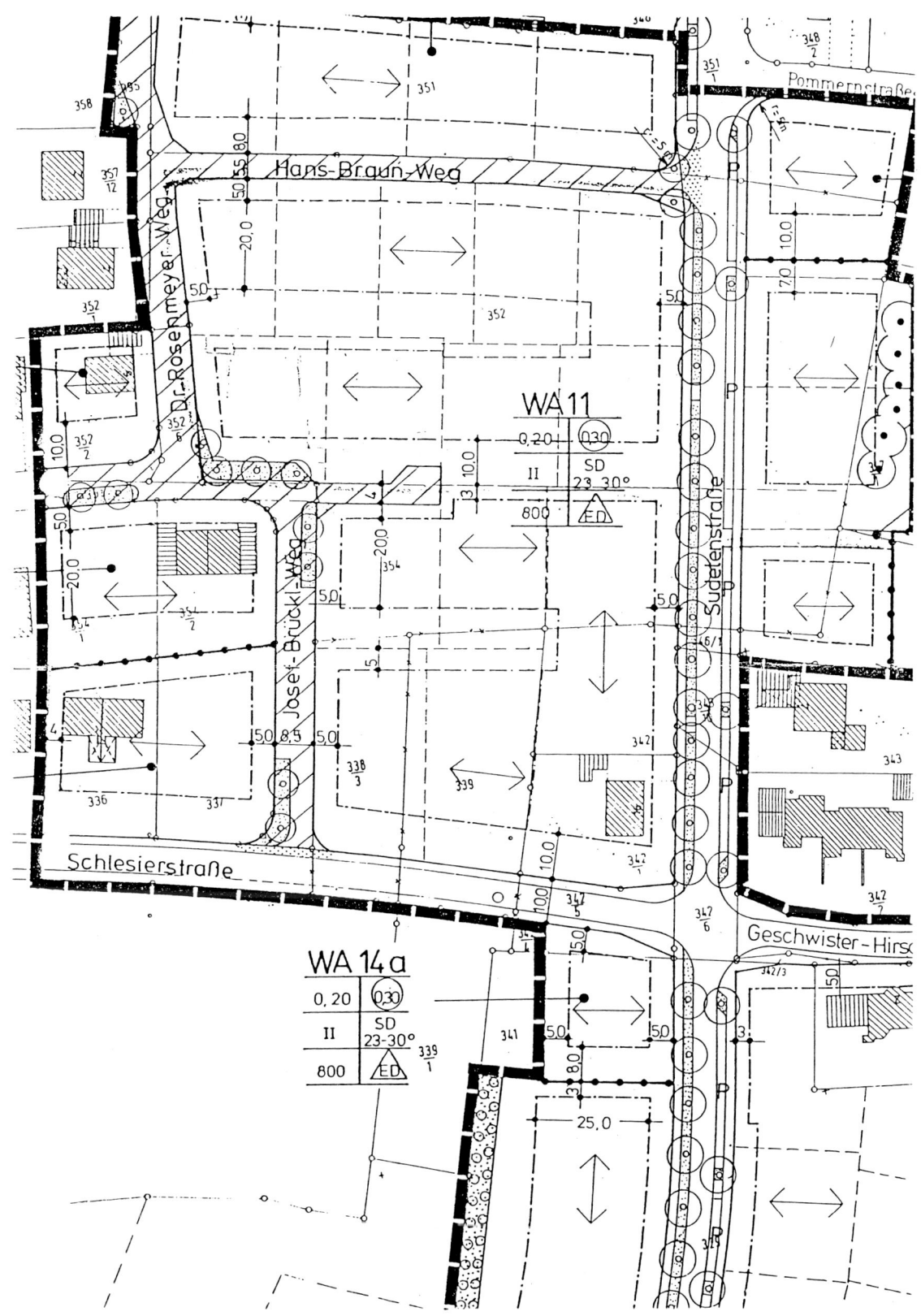

Planung und Konzeption

Vorentwurf und Eingabeplanung

Sobald Sie das passende Grundstück gekauft haben und alle notariellen Dinge erledigt sind, geht es an die detaillierte Planung Ihres Hauses. Hierbei empfiehlt es sich auf jeden Fall, den Fachmann, also einen Architekten oder Baumeister zu konsultieren. Er bespricht mit Ihnen Ihre Wünsche und Ansprüche, die Sie an Ihr Haus haben und fertigt in der Regel einen Vorentwurf an. Damit hat er eine Grundlage, um mit der zuständigen Gemeinde, beziehungsweise dem Landratsamt die baurechtlichen Belange zu erörtern und abzustimmen.

Der im Anschluß gefertigte Eingabeplan enthält alle Grundrisse, Ansichten, Schnitte und den Lageplan des Bauvorhabens. Zudem enthält der Bauantrag sämtliche Berechnungen wie Wohnfläche, Nutzfläche, GFZ- (Geschoßflächenzahl) und GRZ- (Grundflächenzahl)-Berechnungen sowie den umbauten Raum des Bauobjektes. Auch die zur Plangenehmigung notwendigen Formulare wie Bauantrag, Baubeschreibung und statistischer Erhebungsbogen müssen in den Planmappen enthalten sein.

8   Beispiel des Eingabeplanes für unser Haus, Maßstab 1:100 (hier verkleinert dargestellt), bestehend aus Ansichten und Grundrissen

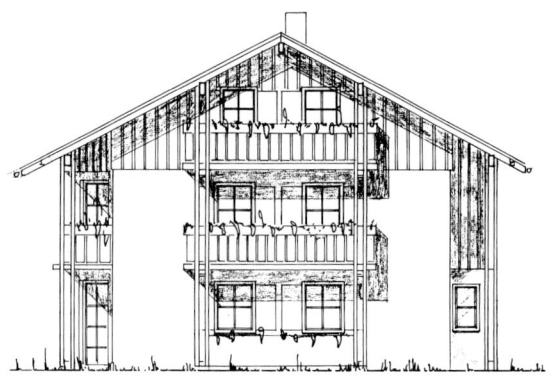

OSTEN

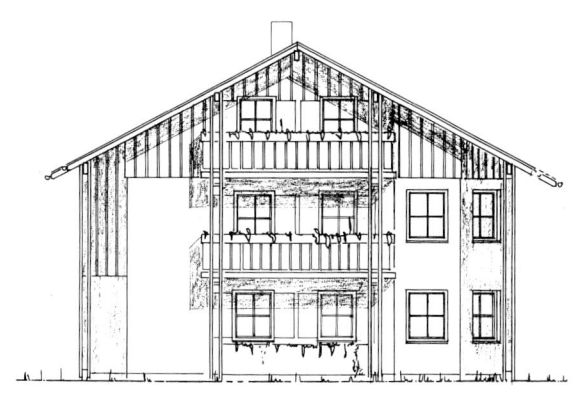

WESTEN

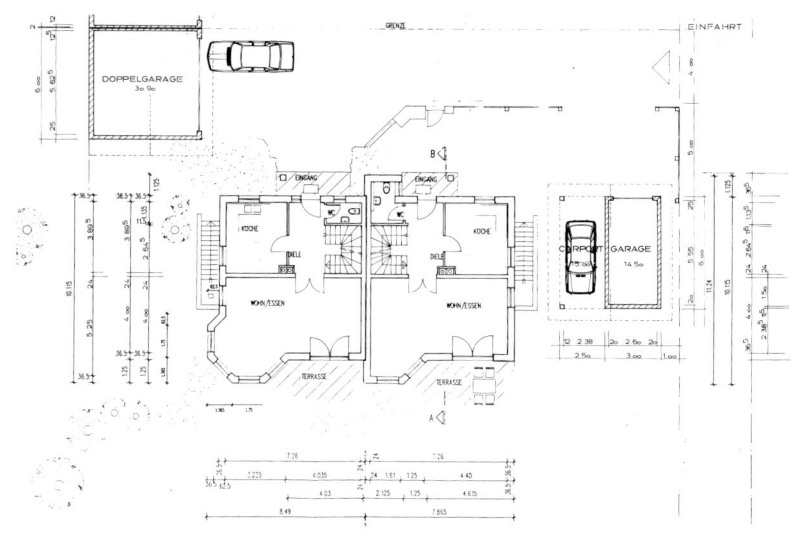

NORDEN

SÜDEN

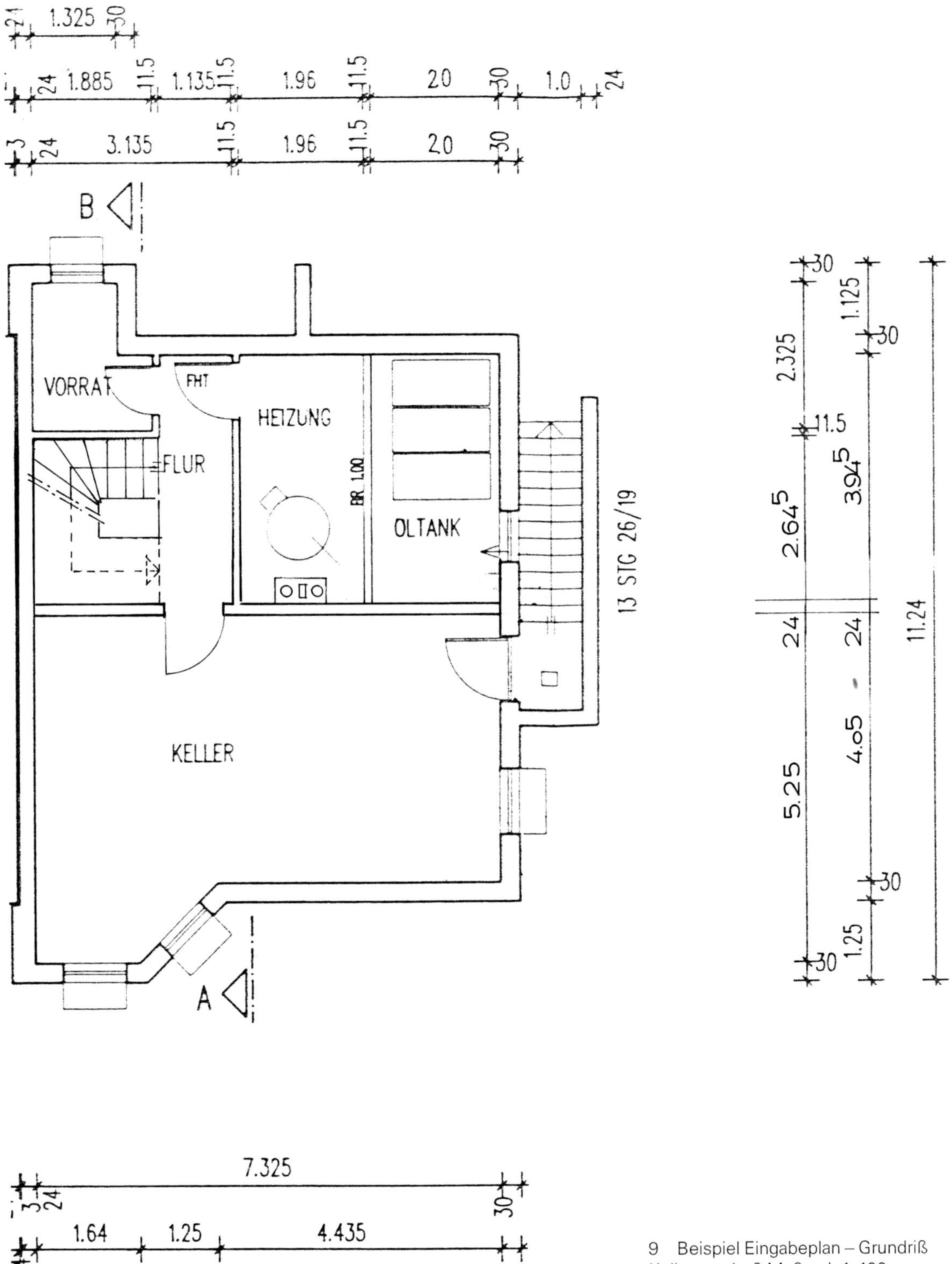

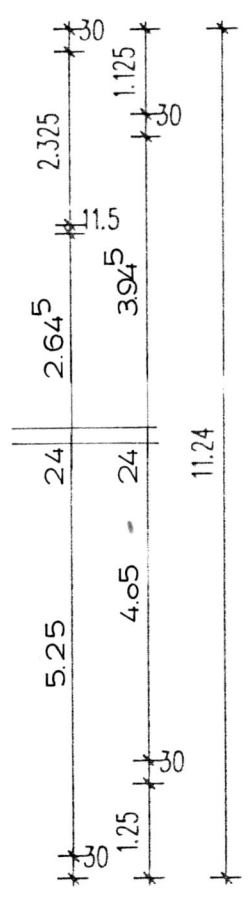

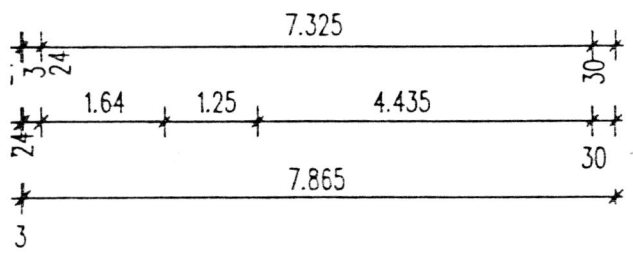

9 Beispiel Eingabeplan – Grundriß
Kellergeschoß Maßstab 1:100.
Hier und in den folgenden Plänen
wird die Hälfte des Doppelhauses
gezeigt.

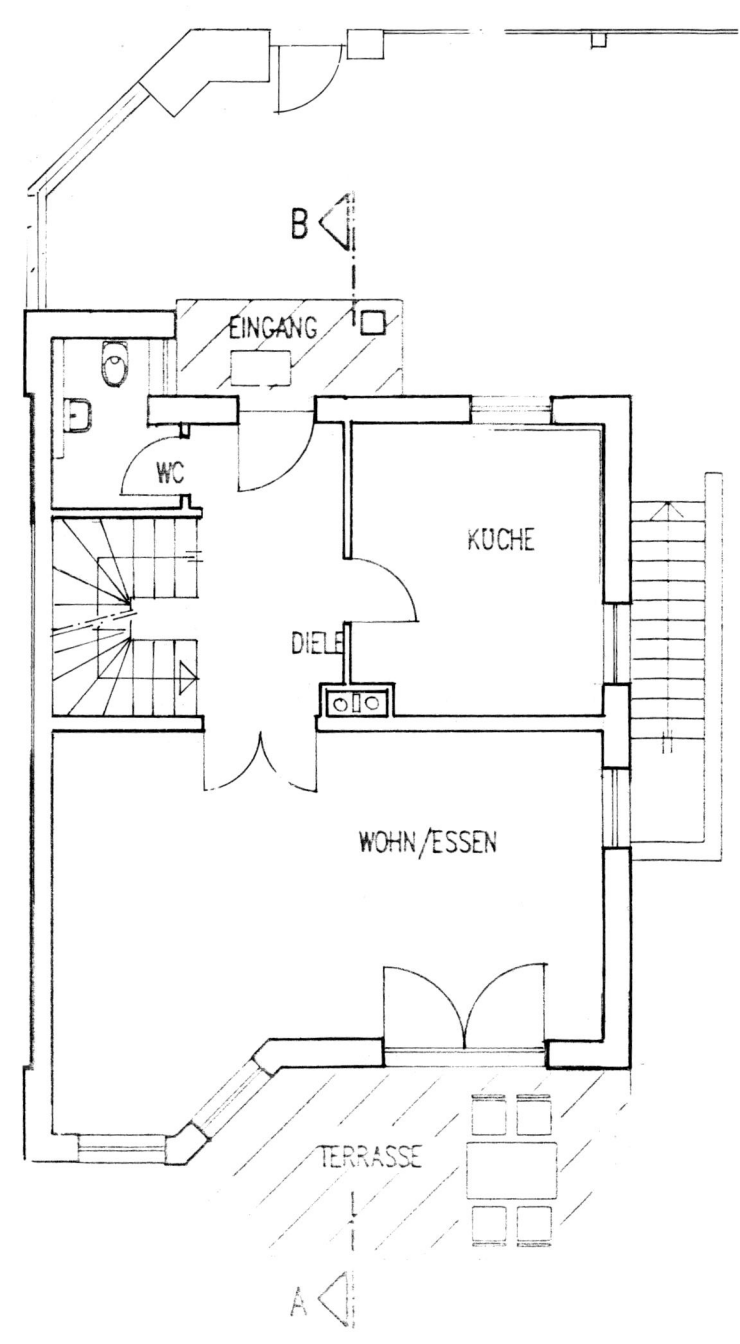

B

EINGANG

WC

KÜCHE

DIELE

WOHN/ESSEN

TERRASSE

A

10   Beispiel Eingabeplan –
Grundriß Erdgeschoß Maßstab
1:100

21

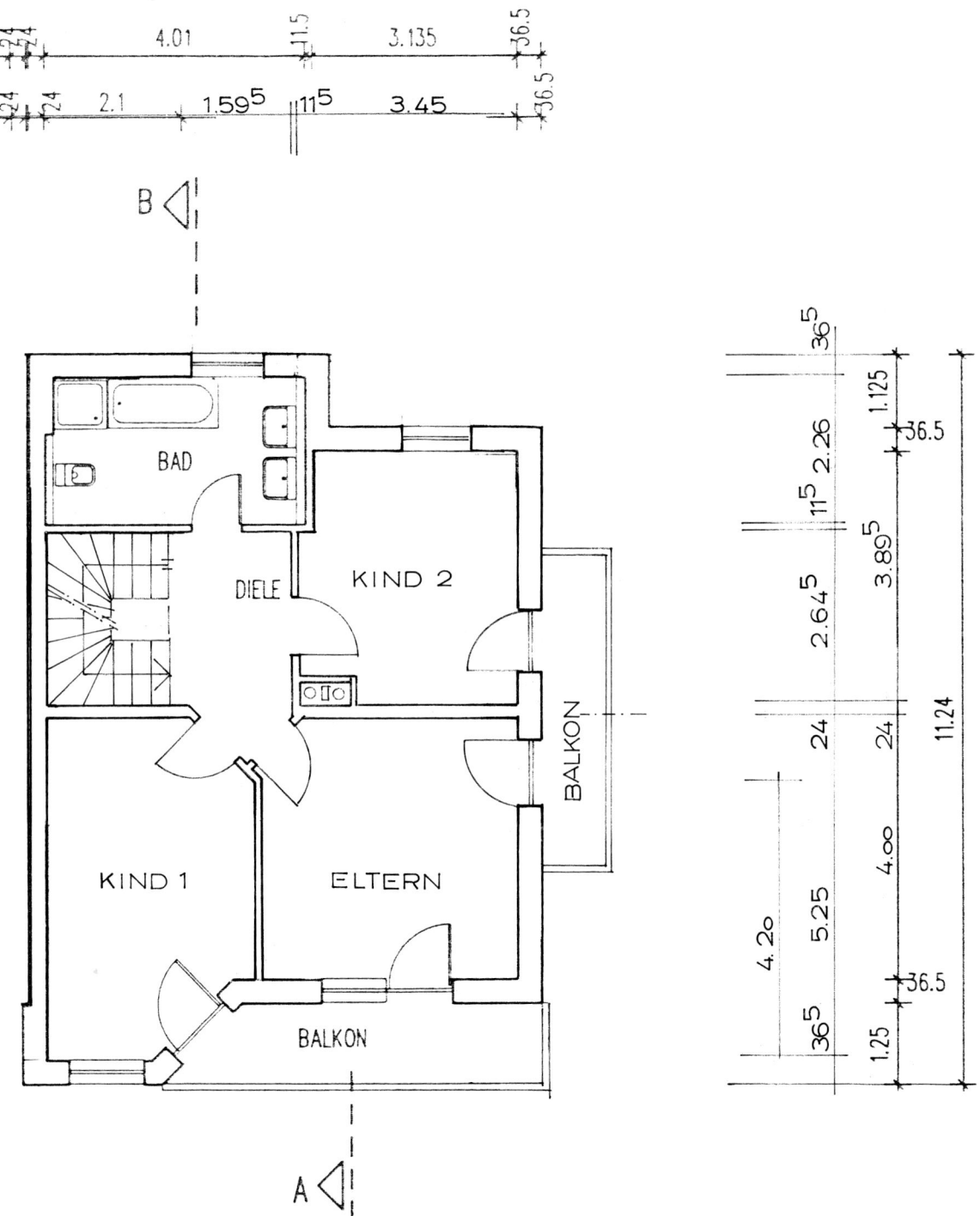

11 Beispiel Eingabeplan –
Grundriß Obergeschoß Maßstab
1:100

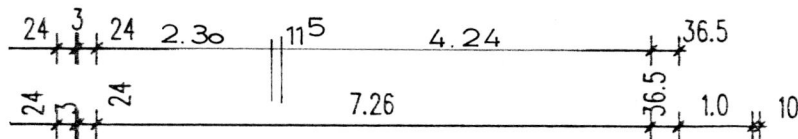

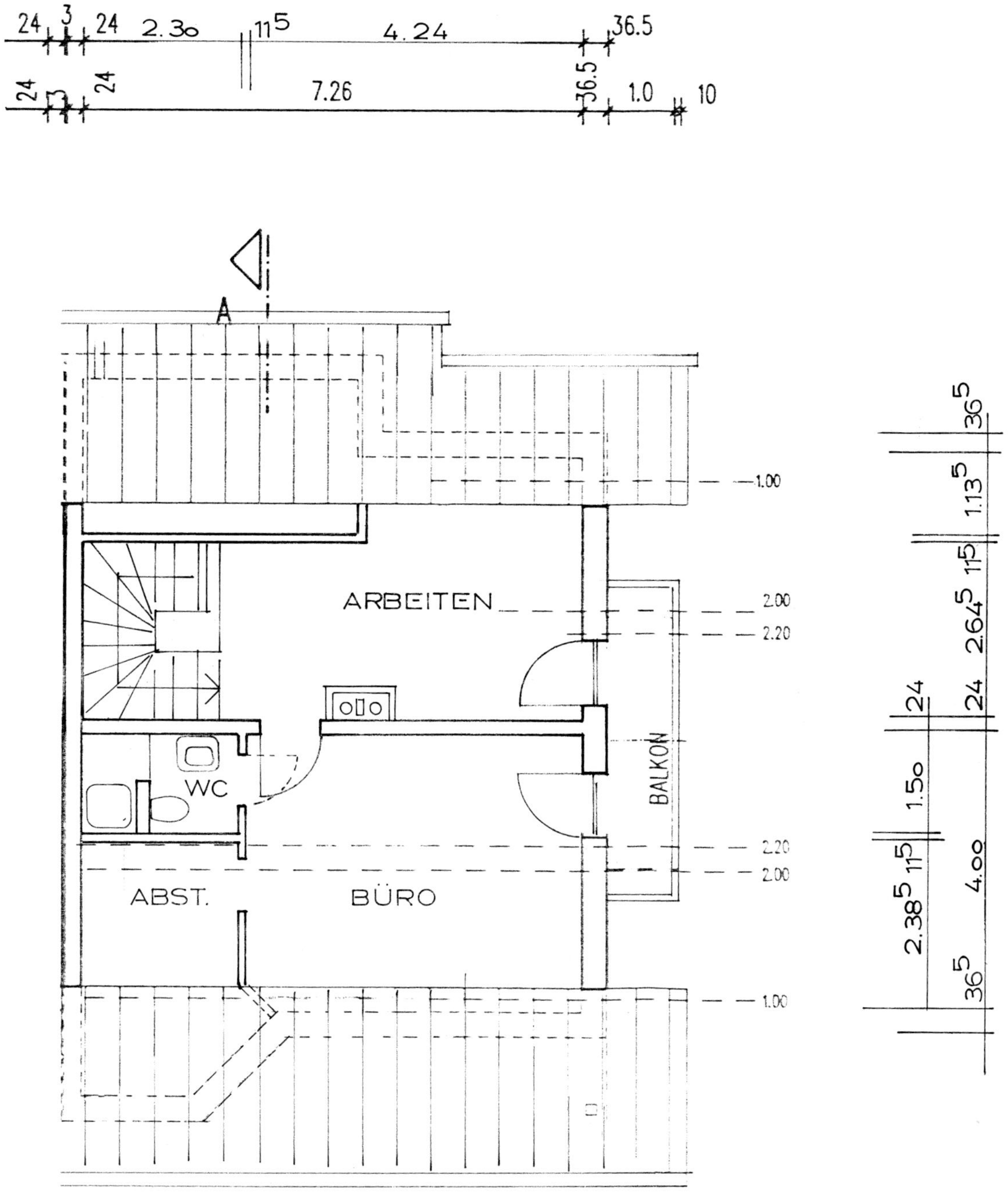

ARBEITEN

BALKON

WC

ABST.   BÜRO

A

12   Beispiel Eingabeplan –
Grundriß Dachgeschoß Maßstab
1:100

23

Werkplanung

Der nächste Schritt in der Planung ist der sogenannte Werkplan. Er ist zwar von den Behörden nicht zwingend vorgeschrieben, aber sehr empfehlenswert. Der Werkplan wird im Maßstab 1:50 gefertigt und enthält sämtliche Maßangaben, die zum Bau eines Hauses notwendig sind. Die folgende Auflistung gibt Ihnen einen Überblick, welche Angaben zusätzlich in der Werkplanung enthalten sind und Tips, wie Sie diese Informationen nutzen können.

Türen- und Fenstergrößen

Sie haben hiermit einen Überblick über Türen- und Fenstergrößen sowie die Anschlagsrichtung (DIN links oder DIN rechts) der Bauteile. Mit diesen Angaben läßt sich leicht eine Stückliste erstellen, womit Sie sich schnell und einfach Angebote einholen und die benötigten Türen und Fenster bestellen können.

Geschoßdecken

Bei Fertigteildecken oder Vollmontagedecken können von den jeweiligen Herstellern anhand der Werkpläne separate Deckenverlegepläne angefertigt werden. Die für Ihr Bauvorhaben benötigten Deckenelemente werden nach Ihrer Auftragsvergabe bei den betreffenden Herstellern gefertigt.

Treppen

Hier gibt es natürlich viele Möglichkeiten der Ausführung, und jede Art der Ausführung hat ihre eigenen technischen Bedingungen. Eine Holztreppe zum Beispiel wird erst bei Fertigstellung aller Fußbodenarbeiten individuell montiert. Eine Fertigteiltreppe aus Porenbeton-Elementen dagegen wird schon als Rohtreppe während der Rohbauerstellung miteingebaut und später mit dem gewünschten Treppenbelag ausgestattet. Achtung! Der gewählte Treppenbelag kann das Ein- und Austrittsmaß der Stufen beeinflussen. Im Werkplan sind diese Maßangaben enthalten.

Durchbrüche und Abmauerungen

Sie haben für die späteren Installationen wie Heizungs- und Wasserrohre schon die entsprechenden Angaben, wo diese verlegt werden müssen.

Fliesen und Bodenbeläge

Es sind alle Flächenangaben in Quadratmetern und sonstige Abmessungen exakt vorhanden, und Sie können mühelos die gewünschten Fliesen und Bodenbeläge aussuchen und die benötigten Materialmengen auf Abruf bestellen.

Dachstuhl

Die von Ihnen beauftragte Zimmerei kann die benötigten Sparrenpläne fertigen und zudem die Materialmengen für Dachdämmung, Dachschalung und Dachziegel erstellen.

Fußböden

Im Werkplan sind die notwendigen Fußbodenaufbauten klar definiert. Die Höhenangaben für Trittschalldämmung und Estrich werden entsprechend der Fußbodenkonstruktion angegeben. Dies ist besonders wichtig wiederum für Treppenan- und -austritt oder bei Besonderheiten wie zum Beispiel einer Fußbodenheizung.

Lichtschächte

Auch sie sind genau definiert und können anhand einer entsprechenden Stückliste bestellt werden.

Sanitär-Einrichtungen

Hier haben Sie die gewünschte Anzahl und Größenangaben von WCs, Waschbecken, Dusch- oder Badewannen angegeben.

Heizung

Die optimale Position der Heizkörper wird im Plan festgelegt. Der Heizungsbauer kann die notwendigen Einbauten anhand der Werkplanung vorbereiten und nach Ihren Wünschen abstimmen.

Elektroinstallation

Hier empfiehlt es sich (allerdings auf einer separaten Schwarzweißpause oder Kopie), alle notwendigen Steckdosen, Lichtschalter, Lampen (innen/außen), Radio- und TV-Anschlüsse einzutragen. Berücksichtigen Sie dabei auch alle Maßnahmen der Stromversorgung im Außenbereich wie Sprechanlage und Klingel am zukünftigen Gartentor oder einer späteren Gartenbeleuchtung. Auch die Stromversorgung der Garage ist hier einzuplanen. Lautsprecherkabel oder eine interne Haussprechanlage sollten ebenfalls berücksichtigt werden.

Nehmen Sie sich mit Ihrer Familie für die Planung genügend Zeit. Eine gut durchdachte Konzeption der gesamten Elektroinstallation erspart Ihnen mit Sicherheit spätere Nachrüstungen, die oftmals umständlich und teuer sind.

13–14   Beispiel Werkplan – Schnitt
Maßstab 1:100

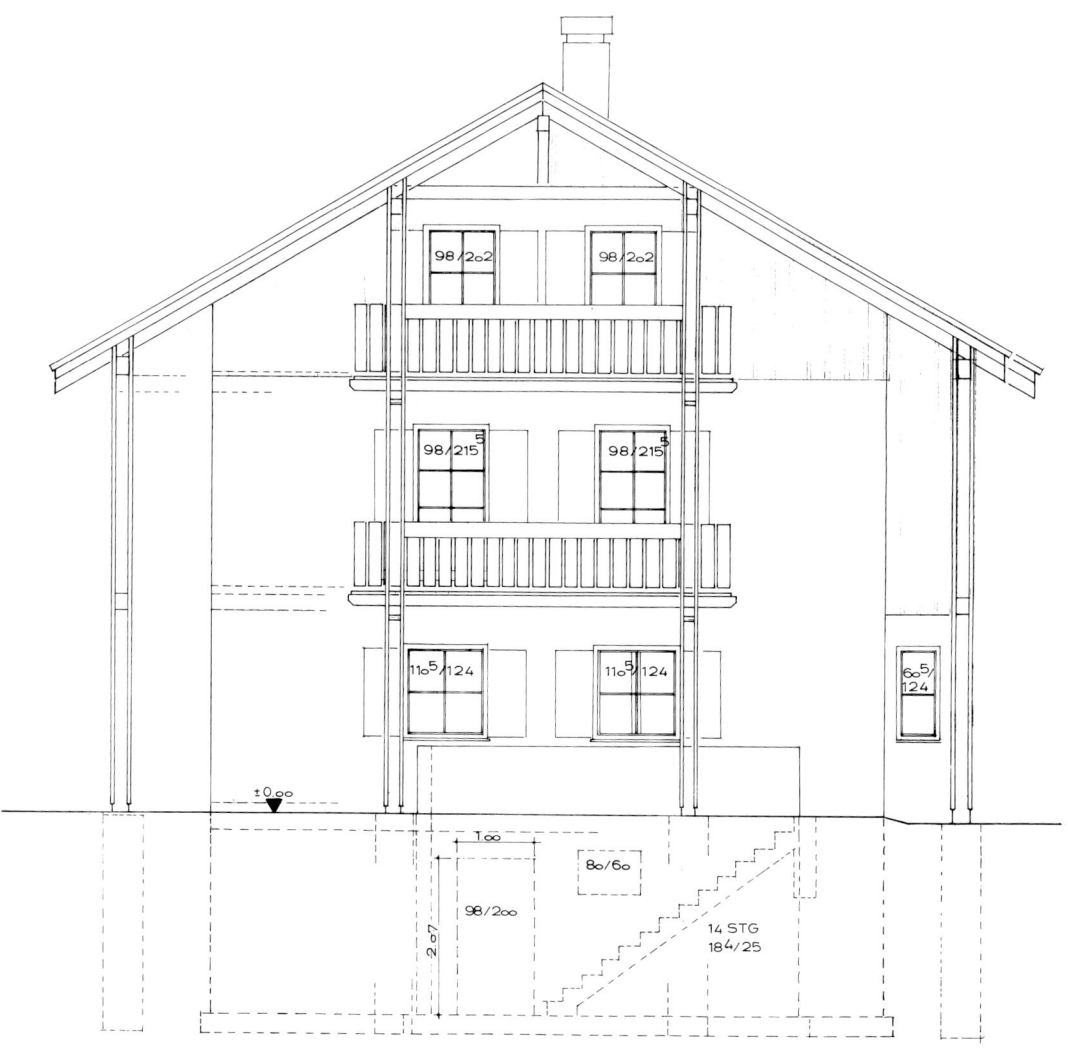

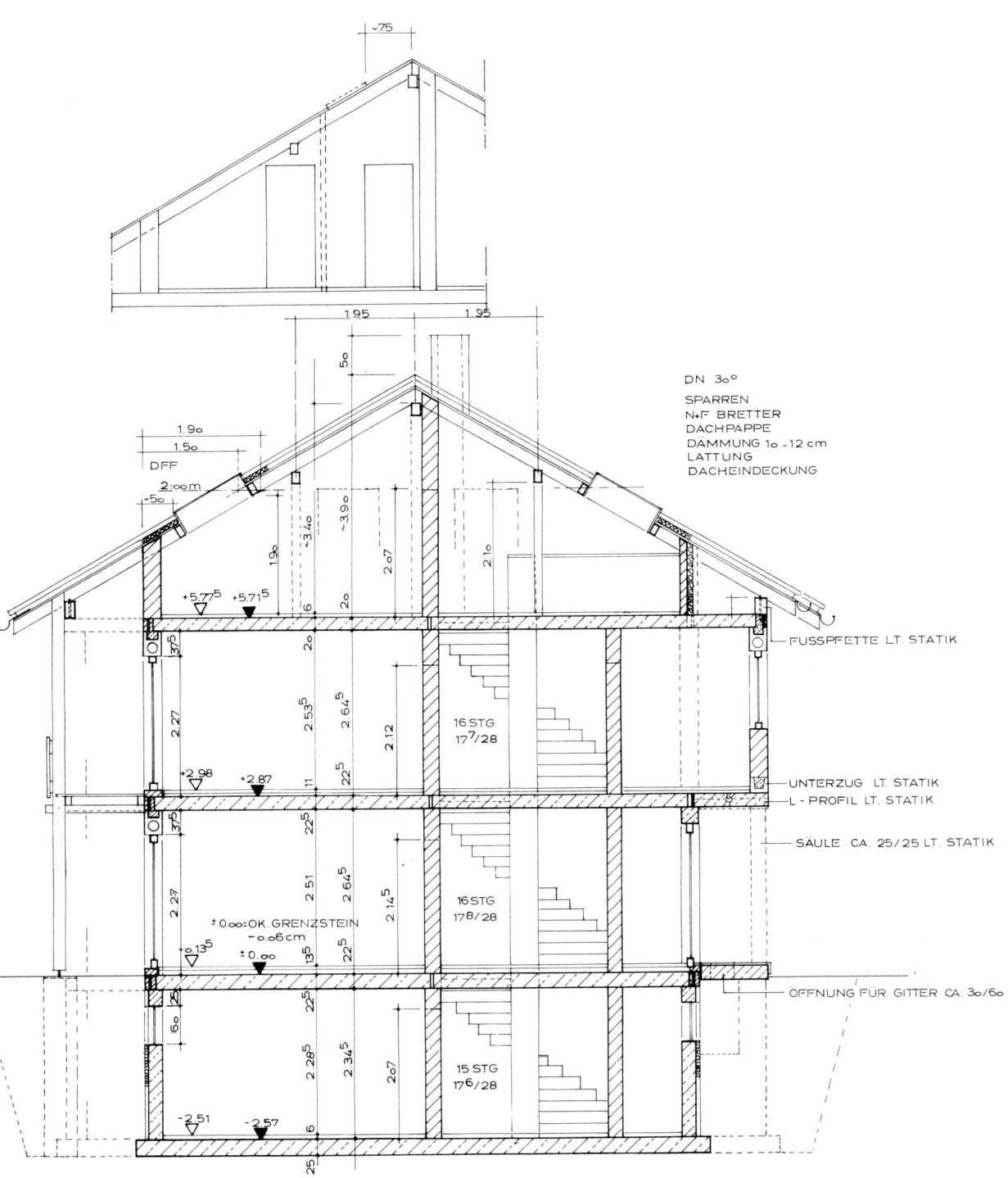

DN 30°

SPARREN
N+F BRETTER
DACHPAPPE
DÄMMUNG 1o -12 cm
LATTUNG
DACHEINDECKUNG

FUSSPFETTE LT. STATIK

UNTERZUG LT. STATIK
L - PROFIL LT. STATIK

SÄULE CA. 25/25 LT. STATIK

ÖFFNUNG FÜR GITTER CA. 30/60

1.95   1.95

1.90
1.50
DFF
2·00 m
-5o

+5.77⁵ +5.71⁵

+2.98   +2.87

±0.00=OK. GRENZSTEIN
-o.o6 cm

+.13⁵   ±0.00

-2.51   -2.57

16 STG
17⁷/28

16 STG
178/28

15 STG
17⁶/28

2.27   2.53⁵ 2.64⁵ 2.12

2.27   2.51   2.64⁵ 2.14⁵

2.28⁵ 2.34⁵ 2.o7

~75

~3.40   ~3.90   2.07   2.1o

1.9o

27

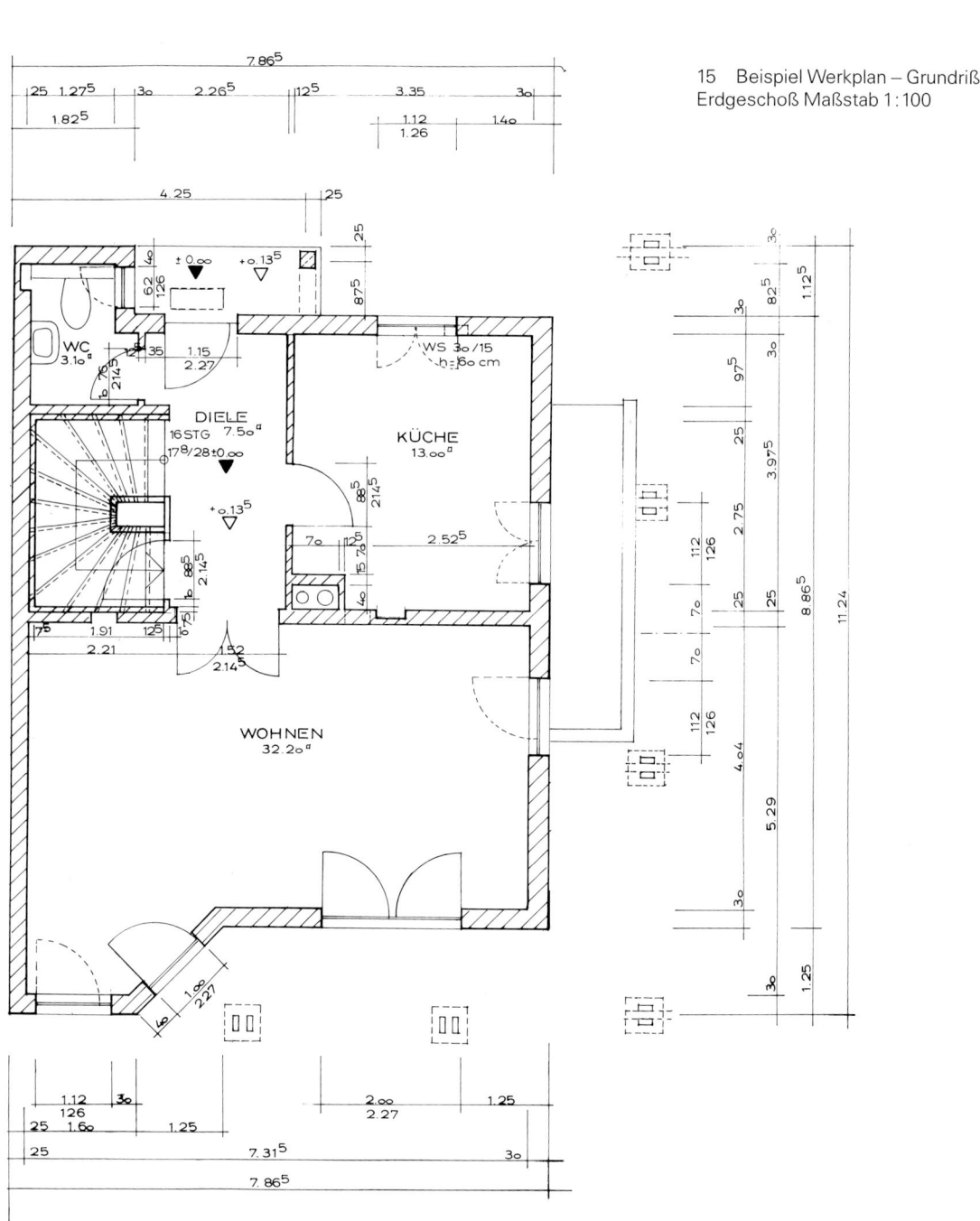

15 Beispiel Werkplan – Grundriß
Erdgeschoß Maßstab 1:100

Es ist empfehlenswert, zusätzlich zur Werkplanung noch für folgende Punkte einen Plan zu fertigen:

Bodenplatte und Grundleitungen
Er beinhaltet alle Abmessungen der Bodenplatte. Auch die für die Statik der Bodenplatte notwendige Armierung ist hier angegeben. Zudem sind alle Grundleitungen für Fallrohre, Hebeanlage, Gullys und Kanal angegeben. Auch der Verlauf des Fundamenterders ist hier eingezeichnet.

Materialliste (Rohbau)

In diese Liste gehören sämtliche zum Rohbau benötigten Materialien wie:

- Steine (in m³ oder m² mit Angaben zur Steindicke und Druckfestigkeit)

- Stürze (mit allen Abmessungen und Angaben, ob tragend oder nicht tragend)

- Rolladenkästen (mit allen Abmessungen und Angaben, ob tragend oder nicht tragend)

- Stahlteile oder Profile (falls erforderlich)

- Sand, Zement, Dachpappe usw. (nach jeweiligem Bedarf)

Bauzeitplan

Er soll Ihnen helfen, Ihre „Bauzeit" in den Griff zu bekommen. In diesem Plan tragen Sie alle Gewerke, die bei Ihrem Bauvorhaben auftreten, ein. Sprechen Sie die einzelnen Termine mit dem zuständigen Handwerker ab und tragen Sie die jeweiligen Fertigstellungstermine in Abhängigkeit der Gewerke voneinander ein.
So haben Sie eine gute Übersicht, ob Ihre jeweiligen Baumaßnahmen noch im Zeitplan liegen und können bei Abweichungen leichter reagieren.

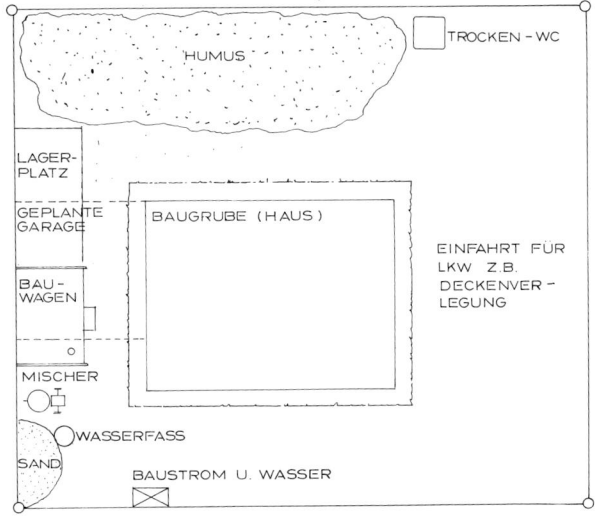

16   Baustellenplan

Baustelleneinrichtung

Es ist wichtig, daß der Arbeitsablauf auf Ihrer Baustelle reibungslos funktioniert. LKWs müssen ungehindert anfahren und abladen können. Auch zum Verlegen von Fertigdecken muß sich ein Kranwagen der Situation entsprechend positionieren können. Alle Einrichtungen wie Baustrom und Bauwasser, Lagerplatz für Baumaterialien, Bauwagen oder Geräteschuppen sowie der Platz für den beim Aushub anfallenden Humus werden in diesem Plan sinnvoll angeordnet.

Die Wahl des Baustoffes

17 Baustoff aus natürlichen
Rohstoffen

Für einen Bauherrn, der sein Haus aus eigener Muskelkraft bauen will, ist der richtige Baustoff von großer Bedeutung. Er sollte sich einfach und leicht verarbeiten lassen, und er muß alle Erfordernisse an Wärmedämmung, Schallschutz und Raumklima erfüllen. Bei der Suche nach dem geeigneten Werkstoff kam unser „Häuslebauer" auf das Produkt Porenbeton. Daß man mit diesen „weißen Steinen" schnell und einfach bauen kann, ist bekannt, aber was verbirgt sich sonst noch hinter dem Begriff „Porenbeton"? Auf den nächsten Seiten hierzu Aufklärendes über diesen Baustoff.

Porenbeton besteht aus Quarzsand, Zement, Kalk und Wasser. Rohstoffe also, die in der Natur reichlich vorhanden sind. Nach einem patentierten Produktionsverfahren entstehen aus diesen Rohstoffen massive Bauteile wie Steine, Deckenelemente, Treppenstufen, Stürze usw. (siehe auch Kapitel „Produktübersicht"). Luft, die beim sogenannten

Treibvorgang entsteht – ein Prozeß ähnlich wie bei einem Hefeteig –, verfünffacht dabei das Volumen der Rohmischung. Millionen kleinster Luftporen, die bei diesem Treibvorgang entstehen, geben dem Porenbeton seine typische Porenstruktur und letztendlich auch seinen Namen.

Ihr verdankt der Baustoff seine guten bauphysikalischen Eigenschaften wie hohe Wärmedämmung, gute Schalldämmung sowie durch seine hohe Atmungsaktivität ein behagliches Raumklima. Zudem ist er sehr leicht und somit gut zu verarbeiten. Hier noch ein paar Informationen über den Baustoff Porenbeton, die für jeden Bauherrn interessant sind.

Wärmedämmung
Eine einschalige Wand aus Porenbeton-Plansteinen (GB 2/0,4; 2 steht für die Druckfestigkeit und 0,4 für die Rohdichte des Steines) erreicht bei einer Steindicke von 30 cm einen k-Wert von 0,38.

Unbrennbar und feuerbeständig
Der Porenbeton gehört nach DIN 4102 zu den nicht brennbaren Baustoffen.

Schallschutz
Porenbeton-Konstruktionen erfüllen die geltende Norm, zudem wurde in der DIN 4109 (Schallschutz im Hochbau) dem Baustoff Porenbeton ein Bonus von + 2 dB zugesprochen.

Wärmespeicherung

Der Baustoff Porenbeton kann Wärme speichern, das heißt er nimmt Heizwärme oder Außenwärme auf und gibt diese bei niedriger Temperatur, etwa wenn nachts die Heizung abgesenkt wird, wieder an den Innenraum ab. Im Zusammenspiel mit der hohen Wärmedämmung ergeben sich so stets ausgeglichene, angenehme Raumtemperaturen im ganzen Haus. Im Winter werden Heizkosten gespart, bei sommerlicher Hitze ist es im Inneren angenehm kühl und behaglich.

Raumklima

Die richtige „relative Luftfeuchtigkeit" ist eine entscheidende Voraussetzung für ein angenehmes Raumklima. Porenbeton verfügt über eine, so der Fachausdruck, gute „Dampfdiffusion". Der Baustoff nimmt Luftfeuchtigkeit auf, transportiert sie ins Innere und gibt sie wieder an die Raumluft im Haus ab.

Ökologie

Die Herstellung des Porenbetons kommt mit wenig Energie aus, denn er wird bei nur ca. 180° Celsius dampfgehärtet. Abdampf-Recycling und Wiederaufbereitung sichern die Rückführung von Energie und Wasser in den Produktionskreislauf. Produktionsabfälle sind voll recyclingfähig oder werden zu Granulaten verarbeitet, die wiederum dem Umweltschutz dienen. Letztlich fiel bei unserem Bauherrn die Entscheidung für den Baustoff Porenbeton aufgrund der einfachen und schnellen Verarbeitbarkeit. Auch die systemgerechten und aufeinander abgestimmten Porenbeton-Produkte waren überzeugend.

Eins paßt zum anderen: Steine, Stürze, U-Schalen, Fertigmörtel, Putze ... Wie die einzelnen Porenbeton-Produkte aussehen und für welche Bereiche beziehungsweise Gewerke sie angewendet werden, können Sie der folgenden Produktübersicht entnehmen.

Produktübersicht

19 Schnitt durch ein Modellhaus
  ① Plansteine
  ② Fertigmörtel
  ③ Fertigstürze
  ④ Massivtreppe
  ⑤ Deckenabstellstein
  ⑥ Deckenplatten
  ⑦ Dachplatten
  ⑧ Fertigputze
  ⑨ Putzschienen
  ⑩ U-Schalen
  ⑪ Kellerdicht

20 Porenbeton-Plansteine: In Dicken und Breiten von 5,0 bis 37,5 cm für alle Außen- und Innenwände zur rationellen Verarbeitung mit Dünnbettmörtel.
Ab Steindicken von 17,5 cm haben die Steine eine Nut und Feder. Der Mörtelauftrag auf die Stoßfuge erübrigt sich.

21 Porenbeton-Jumbo-Planelement: Noch rationeller im Großformat 100/50 oder 62,5 cm zur Verarbeitung mit einem Minikran.

22 Fertigmörtel: Dünnbettmörtel zum Verarbeiten von Plansteinen und Jumbo-Planelementen, Dämm-Mörtel zum Anlegen der ersten Steinreihe.

23 Reparatur- oder Ausbesserungsmörtel

24   Porenbeton-Bauplatten:
Speziell für den Innenausbau in den
Dicken 5/7,5/10 und 11,5 cm für
leichte Trennwände, Einbauten wie
Badewannen oder Ummauerungen
von Kaminen und so weiter.

27   Rundbogen- oder Segmentbogenstürze für Tür- und Fensteröffnungen

25   Fertigstürze für tragende
oder nichttragende Wände

26   U-Schalen: Als Alternative zu
den Fertigstürzen bei größeren
Spannweiten von Gebäudeöff-
nungen oder zur Ausführung eines
Ringankers

28 Treppenelemente werden im
aufgehenden Mauerwerk verlegt
und erleichtern dem Bauherrn als
Bautreppe die Arbeit auf seiner
Baustelle. Durch individuelle Ele-
mente läßt sich fast jede gewünschte Treppenform bauen.

31 Dachplatten für das massive
Dach. Sie werden wie die Decken-
platten angeliefert und mit dem
Bord-Kran verlegt.

29 Deckenabstellsteine für Ring-
ankerausführung im Decken-
bereich

30 Die wärmedämmenden
Deckenplatten sind in wenigen
Stunden verlegt. Abmessungen in
der Länge bis 7,50 m sind möglich.

32 Auf die jeweilige Putzstärke abgestimmte Putzschienen für Außen- und Innenputze zum Schutz von Ecken oder für Sockelabschlüsse

33 Fertigputze für alle Außen- und Innenwände in Säcken abgepackt und nach dem Anrühren mit Wasser verarbeitungsfertig

34 Kellerdicht, zur Abdichtung oder Isolierung der Kelleraußenwände gegen Feuchtigkeit

35   Bandsäge zum mühelosen
Zuschneiden von Steinen (kann
vom jeweiligen Porenbeton-
Hersteller ausgeliehen werden)

36   Auf die Mauerwerksbreite
abgestimmte Planstein-Kellen,
Porenbeton-Hobel, Schleifbrett,
Widia-Säge, Rührquirl, Steckdosen-
Bohrer, Schlitzkratzer und
so weiter

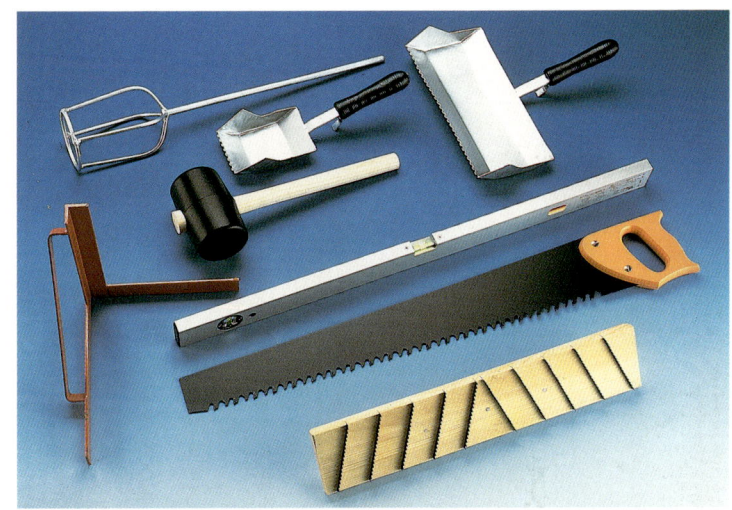

37   Ein Minikran ist zum Verlegen
von Jumbo-Planelementen unentbehrlich (kann vom jeweiligen
Porenbeton-Hersteller ausgeliehen
werden).

Formate der Bauteile und Produkt-Kenndaten

Formate Plansteine W/Planbauplatten W

Formate
Plansteine W mit Nut und Feder

Standard-Format:
Länge:	624; 499; 332	mm
Höhe:	249	mm
Breite:	175; 200; 240;	
	300; 375	mm

Sonderformate auf Anfrage

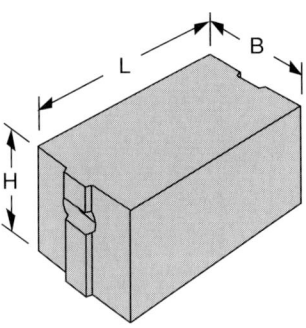

Formate
Plansteine W/Planbauplatten W

Standard-Format:
Länge:	624; 499; 332	mm
Höhe:	249	mm
Breite:	50; 75; 100; 115;	
	150; 240; 375	mm

Sonderformate auf Anfrage

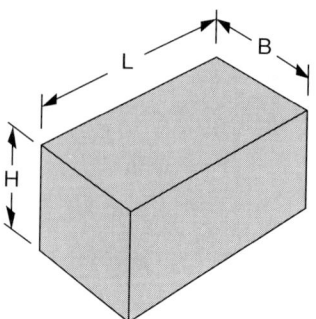

Produkt-Kenndaten Plansteine W

Steinart und Festigkeitsklasse Kennfarbe	PPW2 grün		PPW4 blau		PPW6 rot	Dimension
Steindruckfestigkeit im Mittel	2,5		5,0		7,5	N/mm²
Rohdichte max.	0,4	0,5	0,5	0,6	0,7	kg/dm³
Wärmeleitfähigkeit λ_R Plansteine W nach Bescheid BMBau Nr. W 26/90	0,12	0,16	0,16	0,18	0,21	W/(mK)
Rechenwert für Eigenlast Mauerwerk (Fuge 1 mm)	5	6	6	7	8	kN/m³

Stürze

Standard-Formate
Stürze (TST) P 4,4 für tragende Wände, Eigenlast 8,4 kN/m^3

Wand-dicke mm	max. lichte Öffnungsbr. m	Abmessungen Länge m	Breite mm	Höhe mm	Zulässige Belastung kN/m	Wärmedurchlaß-widerstand 1/Λ m² K/W	Gewicht pro Stück ca. kg	Typ lt. Zul.
175	0,90	1,29	175	249	18	0,83	47	II/1/18
175	1,10	1,49	175	249	18	0,83	55	III/1/18
175	1,35	1,74	175	249	13	0,83	64	IV/1/13
175	1,50	1,99	175	249	14	0,83	73	V/1/14
200	0,90	1,29	200	249	18	0,95	54	II/2/18
200	1,10	1,49	200	249	18	0,95	63	III/2/18
200	1,35	1,74	200	249	13	0,95	73	IV/2/13
200	1,50	1,99	200	249	14	0,95	84	V/2/14
240	0,90	1,29	240	249	18	1,14	65	II/3/18
240	1,10	1,49	240	249	18	1,14	75	III/3/18
240	1,35	1,74	240	249	14	1,14	87	IV/3/14
240	1,50	1,99	240	249	15	1,14	100	V/3/15
240	1,75	2,24	240	249	13	1,14	113	VI/3/13
300	0,90	1,29	300	249	18	1,43	82	II/4/18
300	1,10	1,49	300	249	18	1,43	94	III/4/18
300	1,35	1,74	300	249	18	1,43	110	IV/4/18
300	1,50	1,99	300	249	16	1,43	125	V/4/16
300	1,75	2,24	300	249	15	1,43	141	VI/4/15
375	0,90	1,29	375	249	18	1,79	102	II/5/18
375	1,10	1,49	375	249	18	1,79	118	III/5/18
375	1,35	1,74	375	249	18	1,79	137	IV/5/18
375	1,50	1,99	375	249	16	1,79	157	V/5/16
375	1,75	2,24	375	249	15	1,79	176	VI/5/15

Standard-Formate
Stürze (NST) P 4,4 für
nichttragende Wände. Eigenlast 8,4 kN/m^3

Wand-dicke mm	Lichte Öff-nungsbreite m	Abmessungen Länge m	Breite mm	Höhe mm	Gewicht pro Stück ca. kg	Typ
75	1,01	1,25	75	249	19	1
75	0,91	1,19	75	190	15	6*
100	1,01	1,25	100	249	25	2
100	0,91	1,19	100	190	19	7*
115	1,01	1,25	115	249	29	3

* Für Euroblock®-Mauerwerk

41

U-Schalen

U-Schalen
Systemgerechte Formate und Wärmedurchlaßwiderstände für U-Schalen.

Abmessungen			Paketinhalt			Wärmedurchlaßwiderstand 1/Λ
Länge	Breite	Höhe				PP4-0,6 (o. Putz) mit Betonkern B25
mm	mm	mm	Stück	lfdm	m³	m² K/W
499	175	249	40	20	0,875	0,648
499	200	249	35	17,5	0,875	0,693
499	240	249	30	15	0,938	0,762
499	300	249	18	9	0,675	1,019
499	375	249	20	10	0,938	1,436
U-Schalen für Euroblock®-Mauerwerk						
590	200	190	30	18	0,720	0,711
590	240	190	24	14,4	0,691	0,781
590	300	190	18	10,8	0,648	1,038

Ausführungsbeispiele für U-Schalen (Maßangaben in mm).

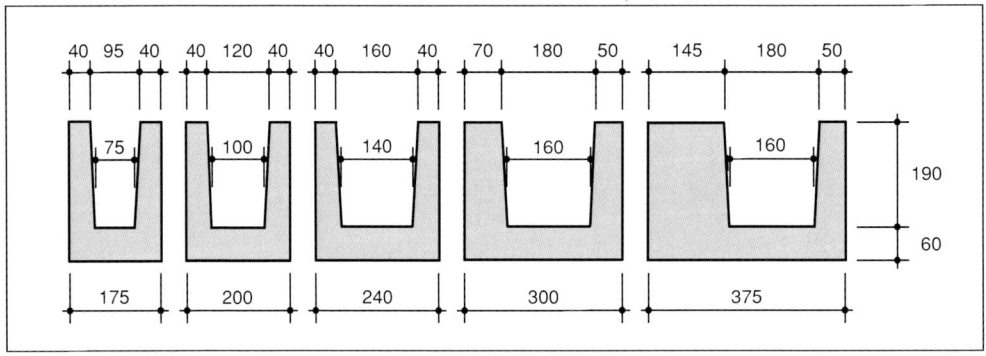

Deckenplatten

Deckenplatten
(nach DIN 4223 und Zulassungen).

Formate Deckenplatten

Länge:	Regellänge bis 6,00 m; ≤ 7,50 m
Breite:	Regelbreite 625 mm; ≤ 750 mm
Dicke:	100 bis 300 mm
	(Dickenstaffelung 25 mm)

Lieferbare Abmessungen vor der Planung
im Werk erfragen.

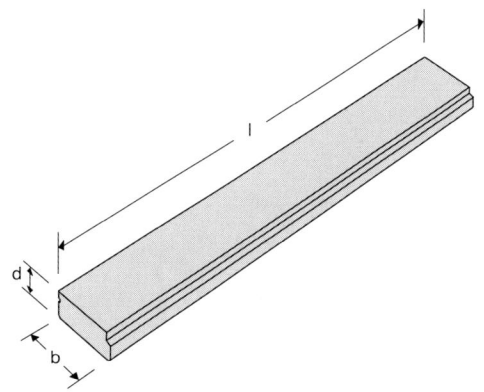

Produkt-Kenndaten Deckenplatten

Festigkeitsklasse	P 3,3*	P 4,4		Dimension
Druckfestigkeit im Mittel	3,5	5,0		N/mm²
Rohdichte max.	0,6	0,6	0,7	kg/dm³
Wärmeleitfähigkeit λ_R nach DIN 4108 und Zul.	0,19	0,19	0,21	W/(mK)
Rechenwert für Eigenlasten einschl. Bewehrung und Fugenverguß nach DIN und Zulassung	7,2	7,2	8,4	kN/m³
Elastizitätsmodul E_b	2250	2250	2750	N/mm²
Wärmedehnungskoeffizient α_T	8	8	8	10^{-6}/K
Schwindmaß E_f	−0,2	−0,2	−0,2	mm/m

* Nach Zulassung nur zulässig für eine Verkehrslast von 1 kN/m²

Muster für Treppenlösungen

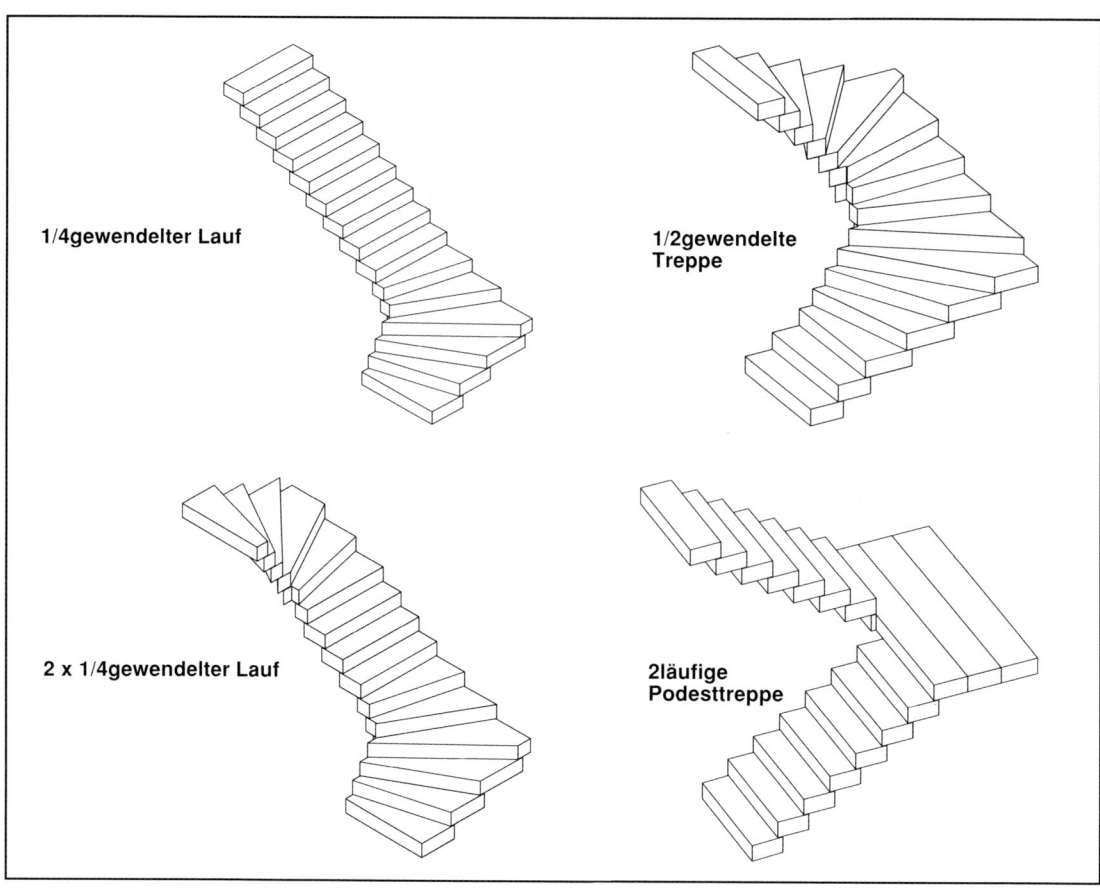

1/4gewendelter Lauf

1/2gewendelte Treppe

2 x 1/4gewendelter Lauf

2läufige Podesttreppe

38   Die Treppenstufen gibt es als
Standard-Lösungen ab Lager oder
als Anfertigung nach Plan.

Baustellen-Einrichtung

Ist die Baugenehmigung erteilt, kann es endlich losgehen. Der Elektriker wird verständigt, damit er den Baustromkasten installiert. Hierzu sollten Sie rechtzeitig beim zuständigen Stromversorger einen Antrag stellen und Termine fixieren. Auch das Bauwasser wird angeschlossen. Das erledigt der beauftragte Kanalbauer in Zusammenarbeit mit der zuständigen Gemeinde.

Einen Bauwagen konnte sich unser Bauherr günstig von einem Bauunternehmer mieten. Der Wagen war zwar nicht mehr der Neueste, aber er bot oft Schutz vor Regen, und zudem konnte man das Werkzeug und sonstiges Gerät darin abstellen und verschließen.

Der Aushub und das Anfertigen der Bodenplatte wurde an einen ortsansässigen Bauunternehmer vergeben.

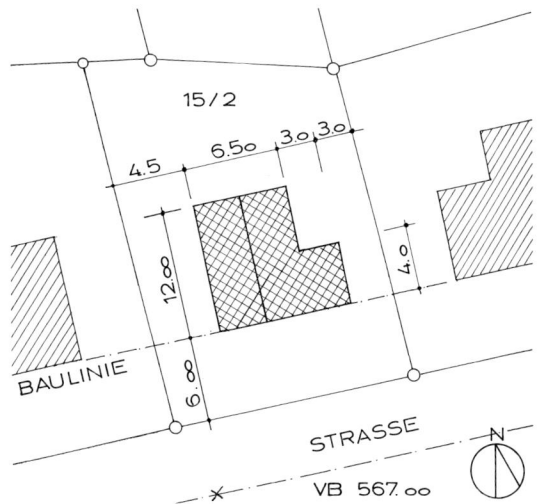

39 Im amtlichen Lageplan ist die Positionierung des Hauses eingetragen.

Einmessen des Grundstückes und des Gebäudes

Als erstes wird das Grundstück eingemessen, das heißt die genaue Lage des Hauses wird festgelegt. Maßgebend für die Abstände und Abmessungen der Grenzen und des geplanten Gebäudes ist der Lageplan. Er ist, wie bereits gesagt, Bestandteil des Bauantrages und enthält alle Maßangaben, die zum Einmessen notwendig sind.

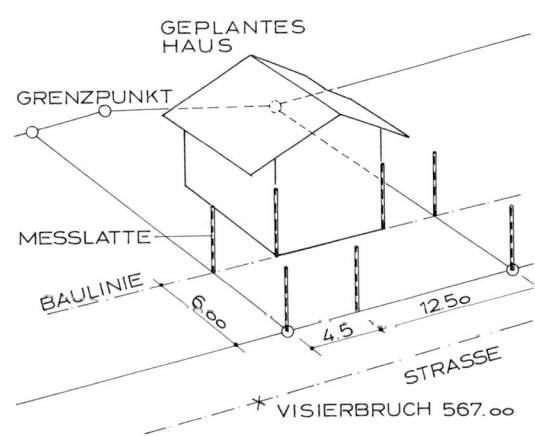

40 Beim Einmessen überträgt man die Punkte auf das Grundstück.

Der Aushub

Die zukünftigen Eckpunkte der Baugrube werden mit Holzpflöcken markiert. Nun kann mit dem Aushub begonnen werden. Dabei ist jedoch zu beachten, daß die Grube größer als das geplante Gebäude sein muß, weil man unten einen Arbeitsraum benötigt. Der Böschungswinkel hängt von der jeweiligen Bodenstruktur ab. Je sandiger der Boden, um so flacher ist der Böschungswinkel auszuführen. Er beträgt bei schwerem Boden ca. 60° und bei leichtem Boden ca. 40°.

Der für später benötigte Humusboden wird an der im Baustellen-Einrichtungsplan vorgesehenen Stelle gelagert. Der Kies oder Sand wird per Lkw abtransportiert.

Damit man die Aushubtiefe kontrollieren kann, wird ein Holzpfahl in die Grubensohle geschlagen. An ihm befindet sich ein Querholz, das die Höhe der Erdgeschoßdecke anzeigt.

41

41, 42 Hier wird der Aushub mit einem Radlader und einem Bagger bewerkstelligt.

42

Das Schnurgerüst

Nach dem Aushub wird nun die exakte Lage des Gebäudes festgelegt. Das erfolgt mit Zuhilfenahme des Schnurgerüstes.

Mit Visierböcken und einem Visierkreuz wird mit Fluchtschnüren die Lage der Außenabmessungen des Gebäudes sowie die zukünftige Höhe der Oberkante Kellerdecke festgelegt.

Achtung!

Es besteht vielerorts eine Schnurgerüst-Abnahmepflicht. Ein dafür bestellter Baukontrolleur vom Landratsamt sollte rechtzeitig vom Abnahmetermin unterrichtet werden.

43   Bauherr mit Bauunternehmer

44   Das Schnurgerüst

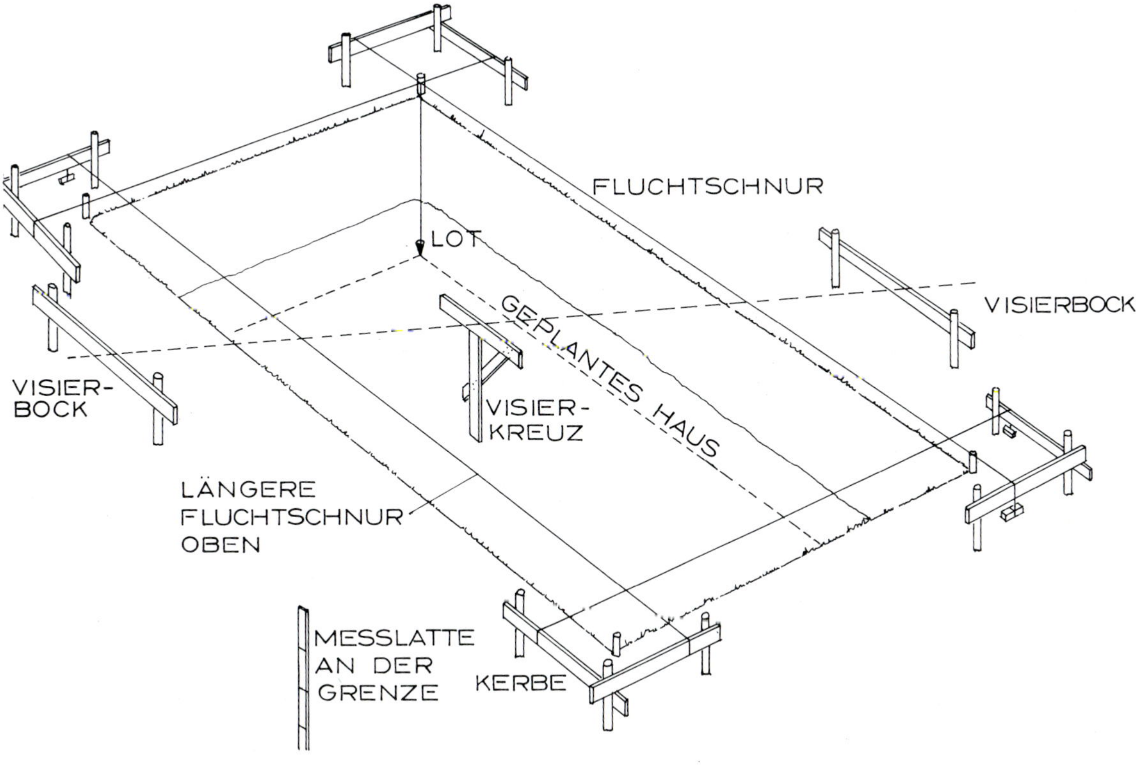

FLUCHTSCHNUR

LOT

GEPLANTES HAUS

VISIERBOCK

VISIER-
BOCK

VISIER-
KREUZ

LÄNGERE
FLUCHTSCHNUR
OBEN

MESSLATTE
AN DER
GRENZE

KERBE

Grundleitungen und Bodenplatte

Vor dem Verlegen der Grundleitungen wird auf der Sohle (Boden) eine Sauberkeitsschicht (Filterkies) angelegt.

Anschließend werden alle benötigten Grundleitungen für Abfluß, Gullys oder auch Drainagerohre verlegt und fixiert. Die Außenabmessungen der Bodenplatte werden eingeschalt und anschließend die für die Tragfähigkeit notwendigen Baustahlmatten verlegt.

Sind alle Erd- und Schalungsarbeiten abgeschlossen, kann mit dem Betonieren der Bodenplatte begonnen werden.

Transportbeton, der in genormter Qualität zur Baustelle kommt, macht Selbstmischen des Betons überflüssig, und eine Betonpumpe transportiert das Material mühelos über viele Meter hinweg.

Ist der Transportbeton bis zur Oberkante der Schalung aufgefüllt – bei diesem Vorgang wird er gleichmäßig verteilt und grob geglättet –, geht es an die Feinarbeit. Die Oberfläche der Bodenplatte wird hierbei so glatt und eben wie möglich abgezogen, damit das spätere Mauerwerk eine exakte Grundlage bekommt. Achten Sie darauf, bei großer Hitze die Bodenplatte zu wässern, damit sie nicht zu schnell austrocknet und dabei Risse bekommt.

45   Grundleitungen

47

48

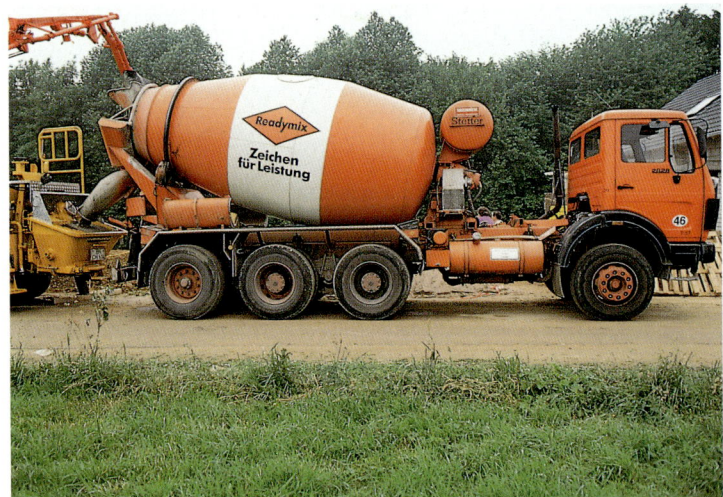

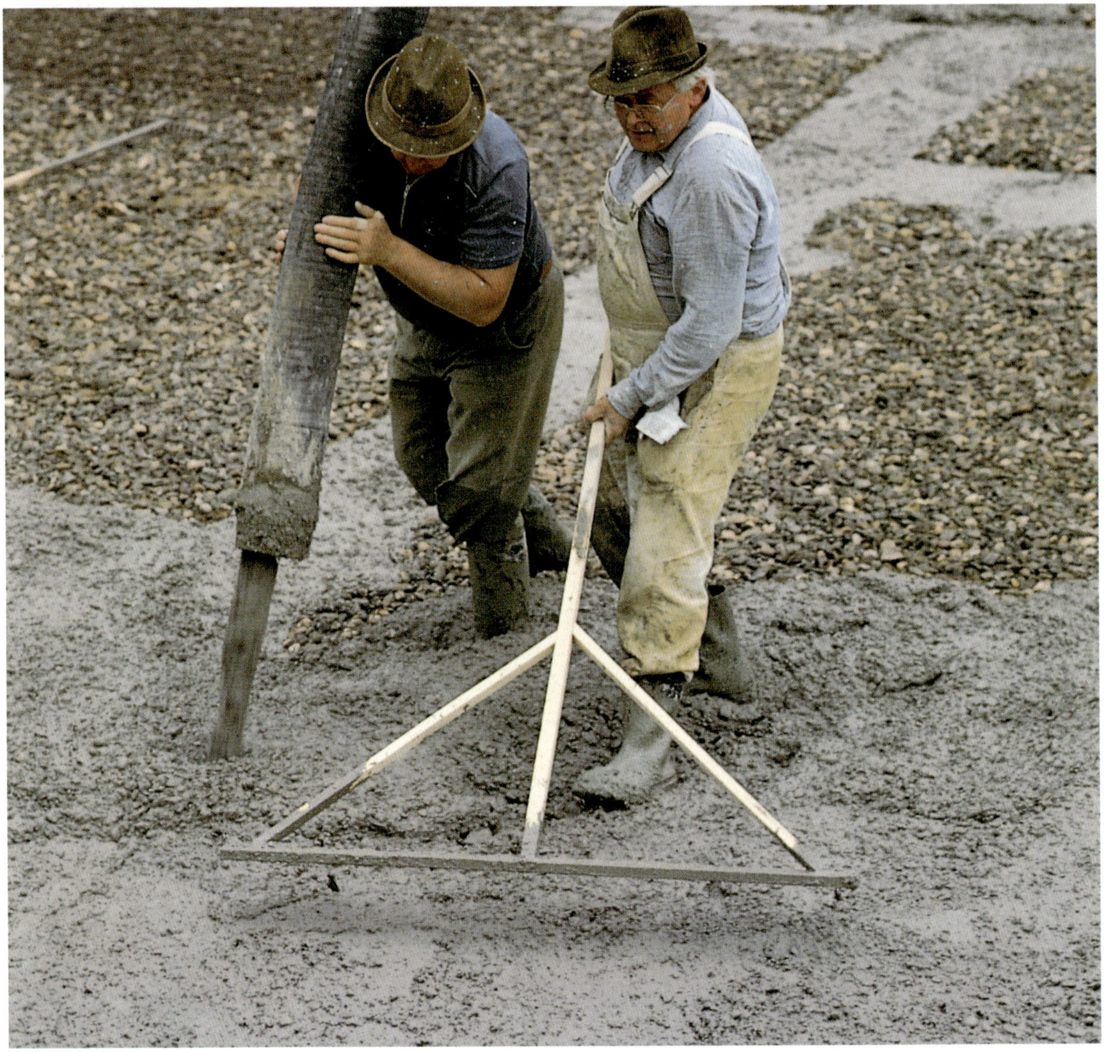

47 Betonmischer

48 Pumpe

49 Das Verteilen des Betons

50 Glattes Abziehen des Betons

Der Keller

Nach sieben Tagen ist die Bodenplatte ausgehärtet. Nun kann es mit dem Bau des Kellers losgehen.

Anhand der erstellten Materiallisten werden vom Baustoffhändler alle benötigten Materialien abgerufen. Checken Sie alle Positionen noch einmal durch. Sie vermeiden damit Verzögerungen beim Bau Ihres Hauses, wenn dringend benötigte Materialien vergessen wurden.

Einen Tag nach Anlieferung der Steine kommt ein Vorführmeister des Porenbeton-Herstellers auf die Baustelle. Er soll dem Bauherrn mit Rat und Tat zur Seite stehen und ihm helfen, die ersten Steine zu vermauern.

Als erstes baut er ein Nivelliergerät auf, um festzustellen, ob die Bodenplatte exakt betoniert worden ist. Der Bauherr stellt sich mit einer Meßlatte auf die jeweiligen Eckpunkte der Bodenplatte, und der Vorführmeister kann so mit dem Nivelliergerät die exakten Höhendifferenzen prüfen. Hierbei zeigt es sich, daß sich das exakte Arbeiten bei der Platte gelohnt hat. Weniger als 2,0 cm beträgt der Höhenunterschied der Bodenplatteneckpunkte. Diese Differenz kann mit der zum Anlegen der ersten Steinlage benötigten Mörtelschicht ausgeglichen werden.

51 Nach einer Woche ist die Bodenplatte hart genug, um mit dem Keller beginnen zu können.

52 Die benötigten Steine inklusive Dünnbettmörtel, Stürze, Dämm-Mörtel sowie eine Bandsäge wurden beim Hersteller abgerufen und werden von einem Lkw mit Ladekran an die Baustelle geliefert. Mit dem Ladekran werden die in Folien verpackten Steine so auf die Bodenplatte verteilt, daß beim Verarbeiten nur noch kurze Wege entstehen.

53 Sehr hilfreich bei diesem Vorgang ist es, wenn vorher die Außen- und tragenden Innenwände auf der Bodenplatte angerissen worden sind.

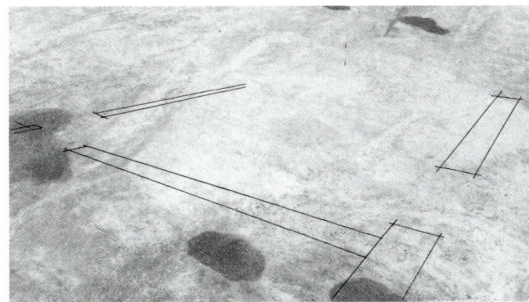

55

56

57

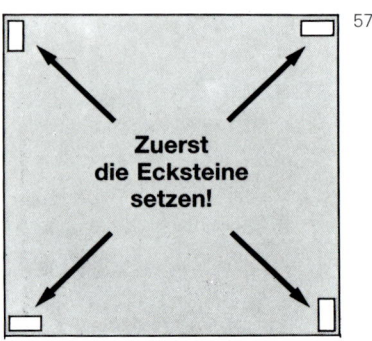

**Zuerst
die Ecksteine
setzen!**

54 Gegen aufsteigende Feuchtigkeit kann eine sogenannte Dichtungsschlämme als Grundierung auf die gereinigte Bodenplatte mit einer Bürste aufgetragen werden – wie hier gezeigt, es geht allerdings auch mit Dachpappe.

55 Frisch in frisch wird die Schlämme ebenfalls mit der Bürste aufgebracht. Anschließend werden beide Vorgänge schichtweise wiederholt.

56 Mit dem Nivelliergerät und einer Meßlatte mißt der Vorführmeister die Höhen der Eckpunkte nach, um eventuelle Maßdifferenzen zu erkennen.

57 An jeder Ecke des Gebäudes wird ein Eckstein gesetzt und exakt in Höhe und Flucht mit dem Nivelliergerät oder der Schlauchwaage ausgerichtet.

Nun beginnt das richtige Bauen! Der Dünnbettmörtel sowie der Dämm-Mörtel werden
sackweise angemacht, damit beim Verarbeiten der Steine keine unnötigen Arbeitspau-
sen entstehen.

Die ersten benötigten Paletten werden von
ihrer Folie befreit und die Folie sogleich in
den vom Hersteller mitgelieferten Foliensack
gepackt (dieser geht später zum Hersteller
zurück, der die Folien recycelt).

Nun kann mit dem Anlegen der ersten Lage
begonnen werden. Zuunterst wird eine
Dachpappe als Feuchtigkeitsabdichtung –
die sollte etwas breiter als die Steindicke
sein –, in ein Mörtelbett verlegt. Das Mörtelbett soll verhindern, daß Unebenheiten oder
kleine Steine die Dachpappe beschädigen.
Danach werden vom Vorführmeister die Ecksteine gesetzt.

58

59

58 Zum Anmachen des Dünnbettmörtels einen sauberen Kunst-
stoffeimer entsprechend des
Verarbeitungshinweises (Sackauf-
druck) mit Wasser füllen und Dünnbettmörtel zugeben.

59 Mit dem Rührquirl, der in eine
Bohrmaschine mit Langsam-Gang
eingespannt ist, anrühren.

60 Der Dämm-Mörtel wird wie
der Dünnbettmörtel nur mit Was-
ser, allerdings in einem größeren
Gefäß angemacht.
Auch hier leistet der Rührquirl gute
Dienste und erleichtert das
Anrühren erheblich.

60

61   Zum Schutz gegen Beschädigungen der Dachpappe wird ein ca. 1 cm dickes Mörtelbett angelegt.

62   Die besandete Dachpappe wird auf das Mörtelbett gelegt und mit leichtem Druck ausgerollt.

63   Auf die Dachpappe oder Feuchtigkeitsabdichtung wird anschließend ein Mörtelbett MG III (Mörtelgruppe 3) aufgebracht.

64   In das aufgebrachte Mörtelbett wird nun die erste Steinreihe gesetzt. Eventuelle Höhendifferenzen können damit egalisiert werden.

Die erste Lage ist die wichtigste von allen. Hier zahlt sich später eine saubere und genaue Verarbeitung aus. Auch hierbei werden alle notwendigen Aussparungen für spätere Installationen angelegt. Alle Unebenheiten werden mit dem Porenbeton-Hobel abgeschliffen und das Mauerwerk von Staubresten sorgfältig gesäubert.

Anschließend wird auf die erste Steinlage noch einmal eine Dichtungsschlämme gegen aufsteigende Feuchtigkeit aufgetragen. Es empfiehlt sich, alle tragenden und nichttragenden Wände bei der ersten Lage mit anzureißen. Diese Wände werden in der sogenannten Stumpfstoßtechnik verankert, das heißt mit einem Mauerverbinder an der Außenwand verankert.

Von jetzt an geht es zügig mit dem Vermauern der nächsten Steinreihen voran. Der Dünnbettmörtel wird mit einer zu der Mauerwerksdicke passenden Zahnkehle aufgetragen und die Steine ins frische Mörtelbett gesetzt. Da die Porenbeton-Steine präzise Abmessungen haben, entsteht ein absolut gerades und fluchtgerechtes Mauerwerk. Paßstücke werden einfach von Hand mit einer Widia-Säge oder noch schneller mit der Bandsäge zurechtgeschnitten und eingebaut.

65

66

65 Auf die Stoßfuge wird hierbei schon der Dünnbettmörtel aufgetragen, und somit werden die Steine in den Vertikalfugen verbunden.

66 Mit dem Gummihammer werden die Steine ausgerichtet und anschließend mit der Wasserwaage kontrolliert, ob sie auch waagerecht sitzen. Damit die Flucht absolut gerade wird, benötigt man eine Richtschnur. Der Vorführmeister zeigt dem Bauherrn genau, wie man die Schnur spannen sollte.

67 Haben sich Unebenheiten eingeschlichen, werden diese mit dem Porenbeton-Hobel abgeschliffen.

67

68   Die dabei entstehenden Staubrückstände müssen anschließend mit einem Besen sorgfältig entfernt werden.

69   Aussparungen werden nach dem Werkplan festgelegt und entsprechend mit dem aufsteigenden Mauerwerk fortgeführt.

70   Zum Schutz gegen aufsteigende Feuchtigkeit wird auf die erste Lage eine Dichtungsschlämme mit der Bürste aufgetragen.

71   Der Mauerverbinder wird in dem frischen Dünnbettmörtel eingelegt und der Stein der nächsten Lage daraufgesetzt.
In der Regel genügt in jeder dritten Lage ein Mauerverbinder. Bei statisch anspruchsvollen Wänden empfiehlt es sich, beim Hersteller rückzufragen.

72   Der Dünnbettmörtel wird mit der Plansteinkelle vollflächig zuerst auf die Stoßfuge und anschließend auf die Lagerfuge aufgetragen. Die Zahnung der Kelle ermöglicht ein millimetergenaues Abziehen des Dünnbettmörtels.

73   Anschließend wird der Stein ins Dünnbettmörtelbett gesetzt.

Hebel Plansteine W*
Bauen
mit
Hebel
Steinen

72

Plansteine W* DIN 4165
Planbauplatten

73

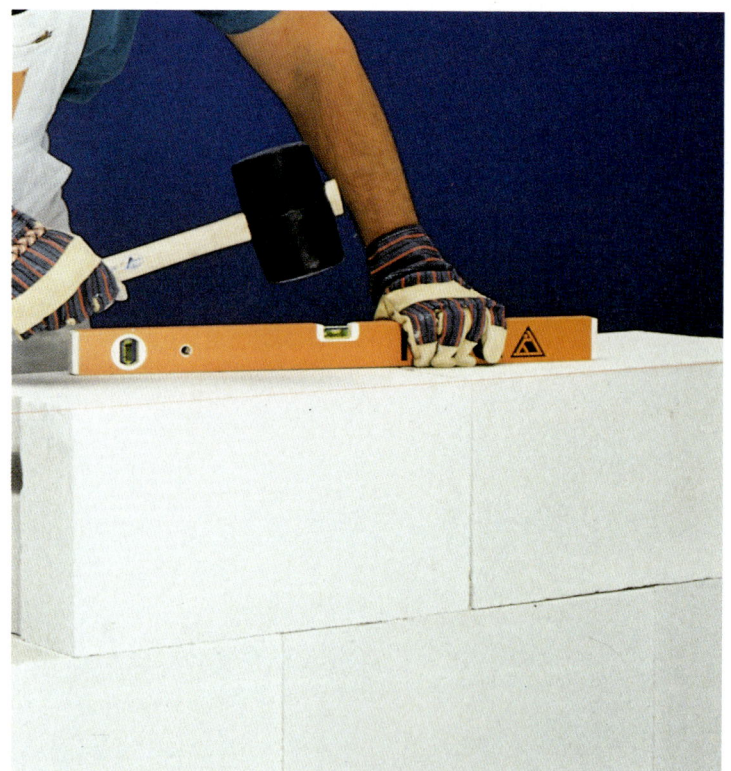

74 Mit dem Gummihammer wird er ausgerichtet und festgeklopft. Die Richtschnur hilft bei der Ausrichtung der Steine und wird bei jeder Steinreihe neu gespannt. Wichtig beim Versetzen der Steine ist, daß die Verbandsregeln eingehalten werden, das heißt, die Stoßfugen müssen mindestens 10 cm gegenüber der darunterliegenden Steinlage versetzt sein.

Rasch wächst die Wand in die Höhe. Der Arbeitsablauf ist hierbei immer derselbe. Nachdem eine Steinreihe gesetzt ist, wird diese mit dem Hobel oder mit dem Reibebrett geglättet und abgekehrt, und schon geht es mit der nächsten Steinlage weiter.

Auch alle benötigten Stürze – gleichgültig ob gerade oder rund – werden mit dem aufsteigenden Mauerwerk eingebaut. Dabei werden die Stürze in ein Mörtelbett der Mörtelgruppe III verlegt. Die letzte Steinreihe wird mit einem sogenannten Ausgleichsstein gemauert. Er hilft dabei die richtige Geschoßhöhe zu erreichen.

Beispiel:

10 Steinreihen = 2,50 m Geschoßhöhe

Benötigt werden jedoch 2,625 m, so wird also ein 12,5 cm hoher Ausgleichsstein auf die letzte Steinlage gemauert.

75 Porenbeton-Steine lassen sich leicht bearbeiten. Paßstücke werden von Hand mit der Widia-Säge paßgenau zugeschnitten. Der Anreißwinkel hilft beim genauen Anreißen der Steinabmessung, soll aber beim Sägen nicht als Anschlag für die Säge verwendet werden.

76 Noch leichter und schneller geht's mit der Bandsäge. Ideal für Schrägen, Rundungen und andere Paßstücke. Sie kann bei den Porenbeton-Herstellerwerken gemietet werden.

77 Tür- und Fensteröffnungen werden bei leichten Trennwänden mit nichttragenden Fertigstürzen überbrückt und in ein Mörtelbett der Mörtelgruppe III verlegt.
Der Einbau nichttragender Stürze erfolgt hochkant, die Auflagertiefe muß beidseitig mindestens 11,5 cm betragen.

78 Bei tragenden Stürzen ist auf lagerichtigen Einbau zu achten. Die Unterseite ist durch einen farbigen Aufdruck gekennzeichnet, der auch die zulässige Belastung in KN/m angibt. Die Auflagertiefe bei tragenden Stürzen muß auf jeder Seite mindestens 20–25 cm betragen. Achtung! Fertigstürze nie ablängen!

79 Bogenstürze werden wie Fertigstürze nur eingebaut. Kompliziertes Schalen der Rundungen, Betonieren und Wartezeiten bis zum Abbinden entfallen.
Versetzt werden Rund- oder Segmentbogenstürze wie tragende Stürze in einem Mörtelbett Mörtelgruppe III und einer beidseitigen Auflagertiefe von 25 cm.

80 Bei Öffnungen, die mit herkömmlichen Stürzen nicht zu überbrücken sind, bietet sich die U-Schale an.
Mit geringem Schalungsaufwand werden sie über die bestehende Öffnung verlegt.

81 Hierbei ist zu beachten, daß die dickere Stegseite der U-Schale wegen des Wärmeschutzes nach außen angeordnet wird. Die auf die jeweilige Steindicke abgestimmte U-Schale wird dann entsprechend mit Baustahl bewehrt und anschließend betoniert. U-Schalen sind auch für Ringanker oder Über- bzw. Unterzüge verwendbar.

82 Werden die gewünschten Geschoßhöhen mit Porenbeton-Plansteinen nicht erreicht, kann die Differenz durch Zuschneiden der Plansteine in die entsprechende Höhe oder durch spezielle Ausgleichssteine erreicht werden.

83 Die Treppe aus bewehrten Porenbeton-Elementen ist individuell auf die Abmessungen des zukünftigen Treppenhauses abgestimmt.
Die einzelnen Stufen werden in Aussparungen des Treppenhausmauerwerkes beziehungsweise auf Auflagerwangen verlegt, Auflagertiefe mindestens 5 cm.

84 Die Treppenstufen werden nach dem Verlegen mit Gummihammer und Wasserwaage ausgerichtet.

85 Die fertige Rohbautreppe

86   Der erste große Schritt ist voll-
bracht – der Keller ist so gut wie
fertig.

87   Der Kaminzug aus Fertigele-
menten wird mit dem Mauerwerk
gleichzeitig nach oben gebaut. Hier
mit einer Auflagerwand für die
spätere Fertigdecke.

Die schon erwähnten Porenbeton-Treppen-
stufen werden ebenfalls mit eingebaut. Dabei empfiehlt es sich, den späteren Treppen-
verlauf an der entsprechenden Wand anzureißen. Anschließend wird durch einfaches
Untermauern links und rechts der Stufenele-
mente die Treppe nach oben gebaut.
Der Kaminzug wird – bevor die Decke verlegt
wird – auf Geschoßhöhe hochgemauert. Als
Auflager für die spätere Deckenplatte wird
zudem noch eine tragende Porenbeton-Wand
direkt an den Kaminsteinen hochgeführt.
Bevor jedoch der Keller angeschüttet wird,
das heißt, die Baugrube aufgefüllt wird, muß
der gesamte Kelleraußenwandbereich gegen eindringende Feuchtigkeit isoliert werden. Ein speziell auf den Baustoff Porenbeton abgestimmtes und verarbeitungsfreund-
liches Dichtungssystem hilft dem Bauherrn
bei dieser Aufgabe. Als erstes muß jedoch
das Mauerwerk entsprechend vorbereitet
werden.

So müssen Schadstellen im Mauerwerk mit einem ebenfalls auf das Material abgestimmten Reparaturmörtel ausgebessert werden. Hierbei ist zu beachten, daß die Schadstellen auf jeden Fall vorher vom Staub befreit und anschließend genäßt werden. Des weiteren hilft ein Voranstrich für optimale Haftung der aufzutragenden Isolierung.

Bei dem Übergang des aufsteigenden Mauerwerks im Sockelbereich zur Bodenplatte muß eine Hohlkehle gebildet werden. Sie soll helfen, daß sich in diesem Bereich keine Risse bilden und die Isolierung nicht beschädigt wird. Das anschließende Aufbringen der Kellerisolierung soll sehr sorgsam und genau erfolgen. Es erspart einem später viel Ärger, wenn diese nachträglich ausgebessert werden muß.

88

88 Eventuelle Schadstellen müssen auf jeden Fall ausgebessert werden. Die Schadstellen werden vorgenäßt.

89 Anschließend wird mit Mörtel verschlossen.

89

90 Die reparierte Stelle. Anschließend wird das gesamte Mauerwerk abgekehrt.

90

91 Beim Übergang vom Fundament zur Kellerwand wird eine Hohlkehle ausgebildet. Hierbei füllt man den Winkel mit einer Schicht Sperrmörtel und zieht zum Glätten mit einer Glasflasche oder ähnlichem daran entlang.

92 Als Voranstrich wird eine Grundierung unverdünnt mit einer Rolle oder Bürste aufgetragen.

93 Die Isolierung wird nach Abtrocknen des Voranstriches mit einer Kelle oder Traufel ca. 5 bis max. 7 mm aufgespachtelt. Beachten Sie hierbei die vom jeweiligen Hersteller geforderten Bearbeitungshinweise – Gebindeaufdruck.

94 Drainagerohre werden rund
ums Haus im Rollkiesbett verlegt.

95 Vergessen Sie nicht, an den
Hausecken die Spülschächte nach
oben zu leiten. Für das spätere
Ausspülen der Rohre ist dies
unbedingt erforderlich.

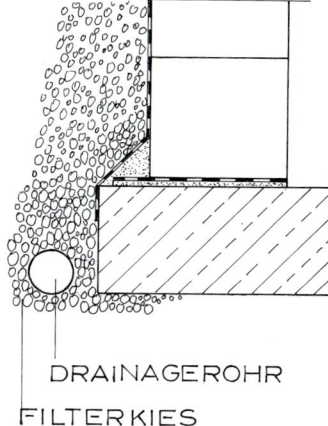

DRAINAGEROHR

FILTERKIES

96 Beim Auffüllen der Baugrube
ist eine Rollkiesschicht – wie in der
Skizze dargestellt – einzubauen.
Sie bewirkt, daß das Regenwasser
schnell in die Drainagerohre
abläuft.

Als Schutz vor Beschädigungen beim Auffüllen der Baugrube ist zu empfehlen, in die noch frische Spachtelmasse ca. 2–3 cm dicke Styroporplatten aufzukleben. Perfekt ist es, wenn zusätzlich zur Kellerabdichtung ein Drainage-System eingebaut wird. Es verhindert, daß bei starken Regenfällen das Wasser um die Kellerwände stehen bleibt. Durch die eingebauten Drainagerohre wird das anfallende Regenwasser abgeleitet. Auch sämtliche Lichtschächte werden jetzt montiert. Die handelsüblichen Kunststofflichtschächte sind einfach zu montieren. Mit für Porenbeton zugelassenen Dübeln können sie schnell und einfach befestigt werden.

97 Vor den jeweiligen Fensteröffnungen werden Kunststofflichtschächte mit für Porenbeton zugelassenen Dübeln befestigt. Mit
entsprechenden Aufsätzen kann
die Lichtschachthöhe variiert und
dem jeweiligen Geländeverlauf
angepaßt werden.

Feuchtigkeitsabdichtungen. Sockel geputzt.

98 Zeichnerische Darstellung des
Kelleraußenwandbereiches

1	Plansteine
2	Deckenplatten
7	Ringanker
8	Zusatzdämmung
9	Deckenabstellstein
10	Feuchtigkeitsabdichtung
11	Außenputz WA · Struktur
13	Glättputz
15	Sockelabschlußschiene
16	Sockelputz
19	Trittschalldämmung
20	Estrich
21	Bodenbelag
26	Mörtelausgleich
56	Betonbodenplatte
80	Drainage falls erforderlich

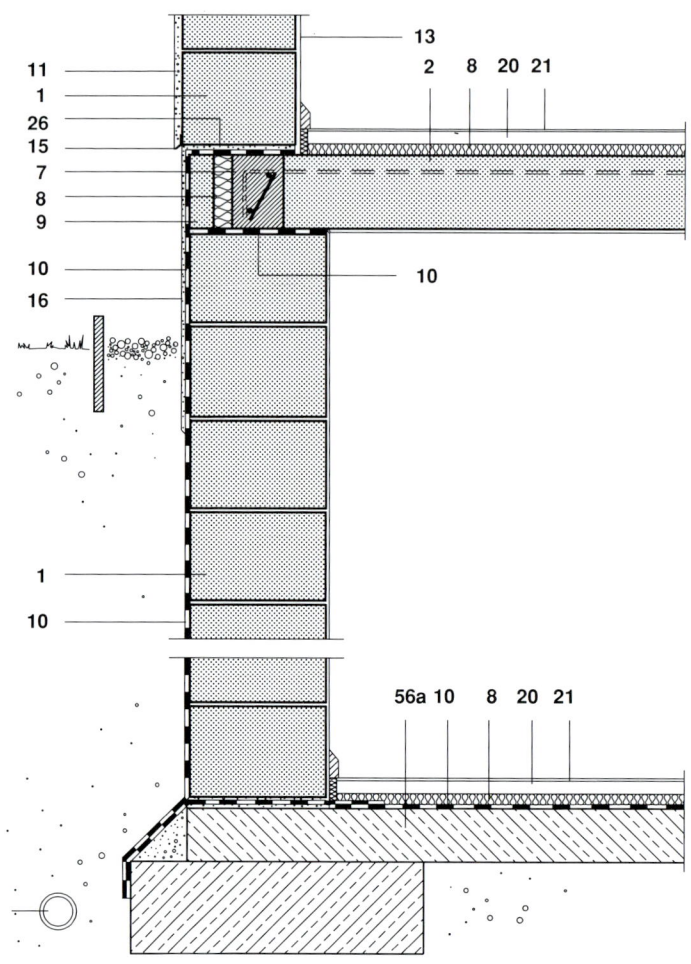

Die Decke

Nachdem der Termin für die Deckenverlegung vorhersehbar war, konnte der Bauherr beim Hersteller die auf Abruf bestellten Porenbeton-Fertigdecken nun anfordern.

Hier ein Tip, der Ihnen später sehr hilfreich sein wird:

Bevor Sie die Decke verlegen, lassen Sie sich die Öltanks und den Heizkessel vom jeweiligen Hersteller oder Ihrem Heizungsbauer auf die Baustelle anliefern. Zum jetzigen Zeitpunkt ist es noch sehr leicht, diese teils sperrigen und schweren Teile per Kran in den vorgesehenen Heiz- und Tankraum zu transportieren.

Früh am Morgen kommt der Lkw mit Verlegekran und beladen mit den Deckenplatten auf die Baustelle gefahren. Zwei Freunde unseres Bauherrn sind auch schon eingetroffen, um beim Verlegen der Decke zu helfen. Laut Hersteller müssen beim Verlegen drei Hilfskräfte anwesend sein.

Nach Möglichkeit ist eine Zwischenlagerung der Deckenplatten zu umgehen. Dies ist möglich, indem man auf der Baustelle dafür sorgt, daß die Deckenplatten direkt vom Lieferfahrzeug an die Einbaustelle gehoben werden. Anhand eines Verlegeplans werden die Platten an die richtige Stelle dirigiert und dort exakt ausgerichtet und verlegt. Voraussetzung für das problemlose Verlegen ist ein absolut ebener Abschluß der letzten Steinreihe. Auch daß die erste Platte fluchtgerecht eingebaut wird, ist sehr wichtig. Es erspart bei der Montage das Nachrücken anderer Platten. Für eventuelle Auswechslungen sind auch die erforderlichen Stahlteile mitgeliefert worden und werden entsprechend eingebaut. Innerhalb von drei Stunden ist die Decke komplett verlegt und auch sofort begehbar.

99   Mit dem Lkw werden die Deckenplatten liegend geladen auf die Baustelle geliefert.

100 Mit der Deckenzange werden die Deckenplatten mühelos verlegt. Dabei muß die Platte auf jeden Fall mit der an der Zange befindlichen Kette gesichert werden.

101 Bis zu 18 m kann der Bordkran überbrücken und so die Deckenplatten schnell und präzise mit dem Bauherrn und seinen Helfern verlegen.

102 Stahlteile für Deckenauflager (zum Beispiel bei Auswechslungen für Kamine) werden vor dem Verlegen der Decke eingebaut.

103 Nach kurzer Zeit sind alle Deckenplatten verlegt, und die Decke ist sofort begehbar.

104

Um den verlegten Deckenplatten Halt und Stabilität zu geben, muß im nächsten Arbeitsgang ein Ringanker umlaufend eingebaut werden. Als Außenschalung für den Ringanker werden die auf Deckenhöhe angepaßten Deckenabstellsteine eingebaut. So entsteht zwischen Decke, der darüberliegenden Wand und dem Deckenabstellstein ein U, das den späteren Ringanker beinhaltet. Dies geschieht, indem dieses U in die vom Hersteller der Decke vorgeschriebene Bewehrung eingebaut wird. In der Regel wird diese beim Anliefern der Decke mit auf die Baustelle gebracht. Nach dem Einbau der Ringankerbewehrung werden die ebenfalls vom Hersteller vorgeschriebenen und mitgelieferten Fugenbewehrungen eingelegt. Sind alle Bewehrungseisen an Ort und Stelle, können Ringanker und Deckenfugen mit feinkörnigem Beton, mindestens B 15, ausgefüllt und durch Stochern oder noch besser mit einem Rüttler verdichtet werden.

104   Nach dem Verlegen der Decke wird erst einmal ordentlich Brotzeit gemacht. Die Frau des Bauherrn hat für die Helfer zum Essen und Trinken aufgetischt.

105

106

105   Die Deckenabstellsteine haben die gleiche Höhe wie die Deckenplatten und werden wie die Plansteine mit Dünnbettmörtel verklebt.

106   Die Ringankerbewehrung wird eingebaut und fixiert, sie sorgt für Stabilität.

107   Die Fugenbewehrung wird nach Herstellerangaben mit Abstandhaltern in die Deckenfugen eingelegt.

108   Zum Abschluß wird mit Beton der Ringanker befestigt.

109   Die Deckenfugen werden ebenfalls mit dem Beton aufgefüllt und anschließend durch Stochern oder Rütteln verdichtet.

110   Mit einer Kelle wird zuletzt die zu hohe Betonschicht abgezogen und geglättet.

Nun umschließt wie ein Betonring der umlaufende Ringanker die Decke. Mit den bewehrten und betonierten Deckenfugen ist eine homogene Decke entstanden, die zur Stabilität des ganzen Hauses beiträgt.

In den folgenden Abbildungen sehen Sie noch einmal anhand technischer Zeichnungen den Aufbau von Porenbeton-Decken und einige Detaillösungen.

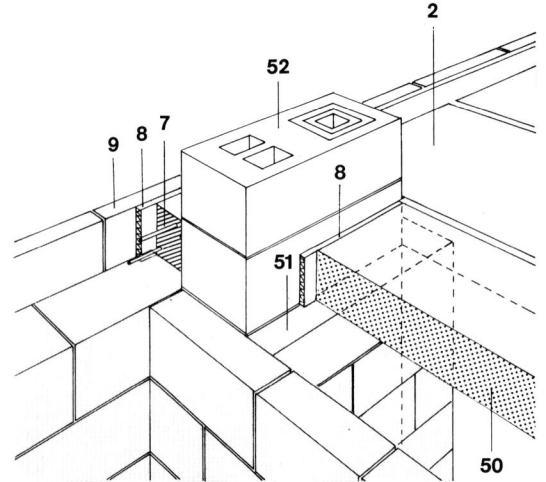

111   Kamin. Deckenaussparung. Plan- und Blocksteine. Deckenplatten

2   Deckenplatten
7   Ringanker
8   Zusatzdämmung
9   Deckenabstellstein
50   Paßplatten
51   Auflagerwand d ≥ 11,5 cm
52   Kamin

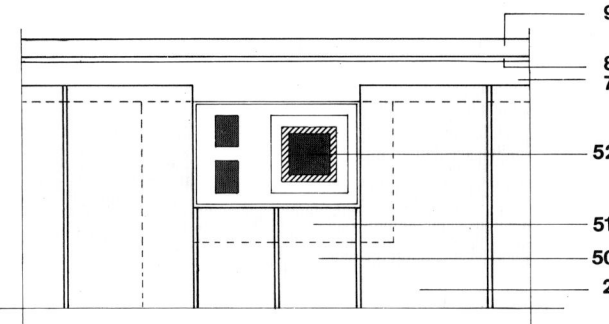

112 Auflager Deckenplatten.
Ringankerausbildung. Deckenplatten auf tragender Innenwand

1 Plan- bzw. Blocksteine
2 Deckenplatten
7 Ringanker
26 Mörtelausgleich (wenn
   notwendig)
28 Fugenbewehrung

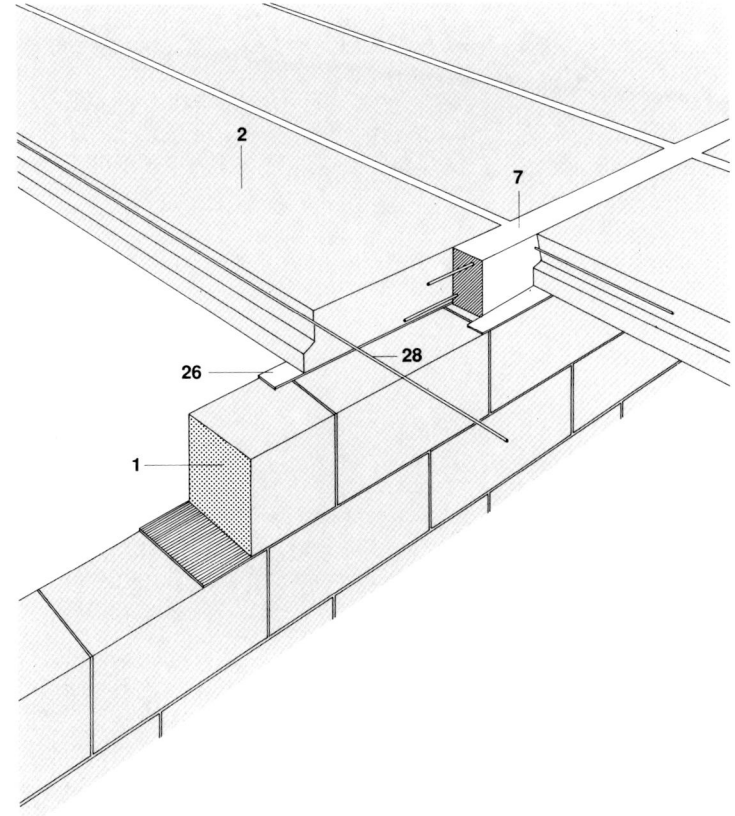

113 Auflager Deckenplatten.
Ringankerausbildung.
Deckenplatten auf Außenwand

1 Plan- bzw. Blocksteine
2 Deckenplatten
7 Ringanker
8 Zusatzdämmung
9 Deckenabstellstein
28 Fugenbewehrung
58 Mörtelverguß

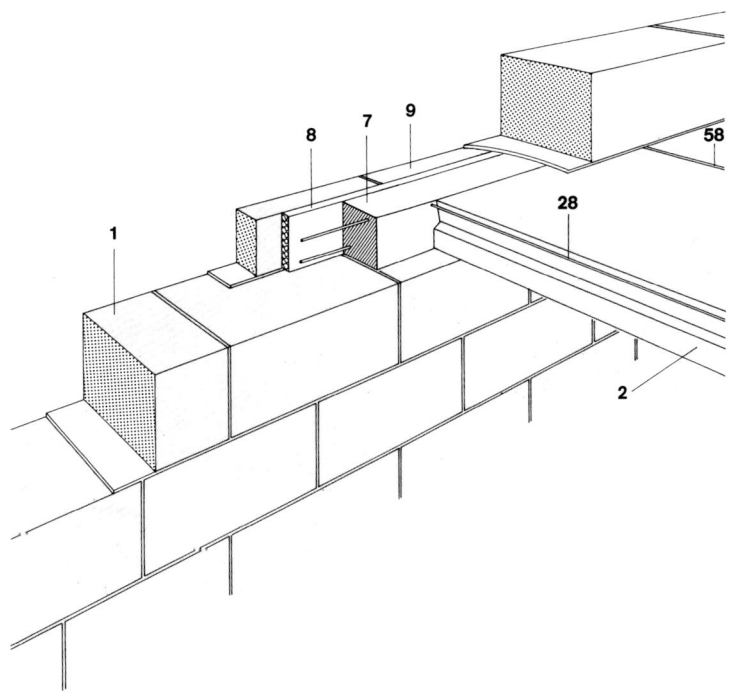

Erdgeschoß

Drei Wochen sind es nun her, daß unser Bauherr mit dem Bauen, genauer dem Aushub begonnen hat. Jetzt wo der Keller fertig ist, kann mit dem Erdgeschoß begonnen werden.

Die für das Erdgeschoß benötigten Steine werden am nächsten Tag angeliefert. Rolladenkästen, Stürze und Treppenstufen sind auch dabei. Mit dem Bordkran des Lkws werden alle Paletten und Bauteile auf die Decke gehoben und sinnvoll verteilt. Schnell ist die komplette Lkw-Fuhre entladen und das benötigte Material an der richtigen Stelle. „Ich glaube, es war mit die schönste Zeit des Hausbaues. Wenn man abends von der Baustelle nach Hause fuhr, konnte man so richtig sehen, was man tagsüber geschafft hat."

Im Erdgeschoß wird im Grunde alles genau so vorbereitet wie schon zuvor im Keller. Als erstes wird wieder eine Dachpappe als Feuchtigkeitsisolierung eingebaut. Dann werden die Ecksteine gesetzt und ihre Höhen mit dem Nivelliergerät nochmals überprüft. Die Außenwände sowie die tragenden Innenwände sollen als erstes hochgemauert werden. Das geht mit dem großformatigen Planstein (8 Steine = 1 m^2) schnell voran.

Auch die Fertigtreppe und der Kaminzug werden miteingebaut. Etwas schwieriger als das Einbauen von einfachen Stürzen gestaltet sich der Einbau der notwendigen Rolladenkästen. Da diese auch eine tragende Funktion haben, müssen sie entsprechend der Statik mit Baustahl bewehrt und anschließend ausbetoniert werden. Hierbei macht sich die beim Bauunternehmer geliehene Mörtelanrührmaschine unentbehrlich. Auch der Dämm-Mörtel – in Säcken angeliefert –, der

114 Plansteine, palettiert und in Folie witterungsgeschützt angeliefert, werden mit dem Kran des Lieferfahrzeuges entladen. Materialverteilungspläne gewährleisten, daß die Paletten an der Stelle abgesetzt werden, wo sie später beim Verarbeiten auch gebraucht werden.

zum Anlegen der ersten Lage dient, konnte mit der Maschine mühelos angemischt werden.

In einer Woche hat es der Bauherr mit einem Helfer – der sorgte immer für Nachschub von Dünnbettmörtel oder Steinen und schnitt auch die benötigten Paßstücke zurecht – geschafft: Alle Außenwände waren fertig, und auch die tragende Innenwand war fertiggestellt.

115 Die erste Lage der Steine wird auch im Erdgeschoß mittels einer Dachpappe vor aufsteigender Feuchtigkeit geschützt.

116 Die Steine werden anschließend in ein Mörtelbett gesetzt.

117 Mit dem Gummihammer und einer Wasserwaage wird ausgerichtet. Auch hier empfiehlt es sich, zuerst die Ecksteine zu setzen und deren Höhen mit Nivelliergerät oder Schlauchwaage zu überprüfen.

118 Jede fertige Lage soll anschließend mit dem Porenbeton-Hobel (bei größeren Unebenheiten) abgeschliffen werden.

119   Das Schleifbrett wird bei leichten Unebenheiten eingesetzt.

120   Anschließend werden Staubreste mit einem Besen abgekehrt.

121   Nach Anlegen der ersten Lage wird ausschließlich mit dem Dünnbettmörtel weitergearbeitet. Da im Erdgeschoß Plansteine mit Nut und Feder verarbeitet werden (Abmessung l = 50 cm, b = 30 cm, h = 25 cm), wird dieser nur auf die Lagerfuge aufgezogen. Nut und Feder erübrigen das Aufziehen des Dünnbettmörtels auf die Stoßfugen.

122   Der Stein wird mit dem Gummihammer festgeklopft und ausgerichtet. Die gespannte Richtschnur hilft dabei.

123   So wächst das Mauerwerk schnell nach oben. Zur Überprüfung, ob das aufsteigende Mauerwerk auch lotgerecht sitzt, kontrolliert man es mit Wasserwaage und einer langen Alulatte an allen Eckpunkten nach.

124   Überstehende Federn werden einfach mit dem Schleifbrett abgehobelt.

125   Auch alle notwendigen tragenden Stürze werden zusammen mit dem aufsteigenden Mauerwerk eingebaut.

126   Aufwendiger und arbeitsintensiver ist der Einbau von Rolladenkästen. Sie sind schon auf die bestellte Länge angeliefert worden und werden nun mit entsprechendem Auflager (laut Herstellerangaben) ins Mauerwerk eingebaut.

127   Da die Rolladenkästen auch eine tragende Funktion haben (späteres Auflager für die Deckenplatten), müssen diese mit entsprechenden Körben (werden vom Hersteller oftmals mitgeliefert) bewehrt und mit Beton verfüllt werden. Auch hierbei ist darauf zu achten, daß der Beton durch Stochern zum Beispiel mit einem Holzstock verdichtet wird.

1 Plan- bzw. Blocksteine
2 Deckenplatten
3 Sturz (tragend)
7 Ringanker
8 Zusatzdämmung
9 Deckenabstellstein
10 Feuchtigkeitsabdichtung
11 Außenputz WA · Struktur
13 Glättputz
14 Eckschutzschiene
15 Sockelabschlußschiene
16 Sockelputz
19 Trittschalldämmung
20 Estrich
21 Bodenbelag
38 Konterlattung
40 Verblendung
43 Heizkörper
44 Heizkörperhalterung
45 Schraube mit Dübel
55 T-Profil (Konsole)

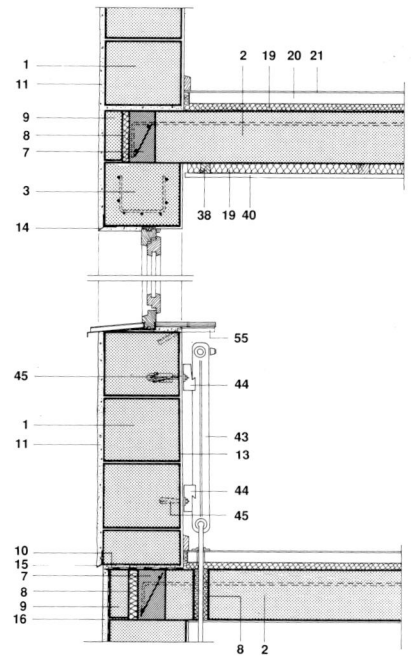

128 Schnitt durch eine Erdge-
schoß-Außenwand mit tragendem
Sturz
Heizkörperbefestigung. Sturzaus-
bildung. Ringankerausbildung.
Außenwand aus Plan- bzw. Block-
steinen.
Geschoßdecke mit erhöhtem
Schallschutz.

1 Plan- bzw. Blocksteine
2 Deckenplatten
5 Rolladenkasten
7 Ringanker
7a Sturzausbildung
9 Deckenabstellstein
11 Außenputz WA · Struktur
13 Glättputz
19 Trittschalldämmung
20 Estrich
21 Bodenbelag
26 Mörtelausgleich

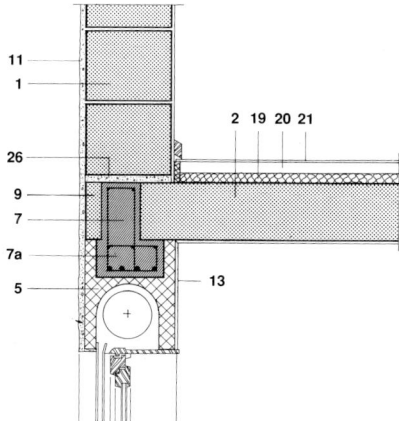

129 Schnitt durch einen Rolladenkasten mit Darstellung der Ringan-
kerausführung und des Deckenauf-
lagers
Rolladenkasten tragend mit Sturz-
und Ringankerausbildung.
Außenwand aus Plan- bzw. Block-
steinen.

83

130

131

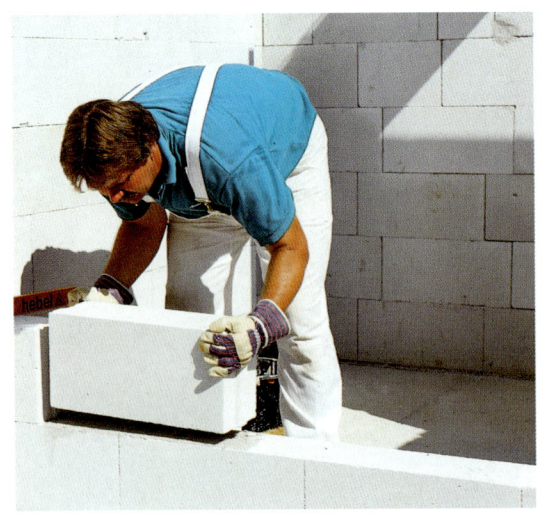

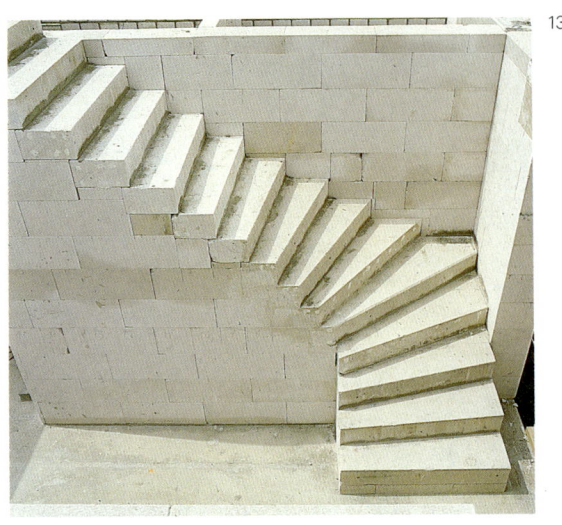

130 Die tragenden Innenwände, die auch als Auflager für die spätere Decke dienen, werden mit den Außenwänden hochgezogen.

131 Wie auch im Keller wird die Treppe vom Erd- zum Obergeschoß mit eingebaut.

132

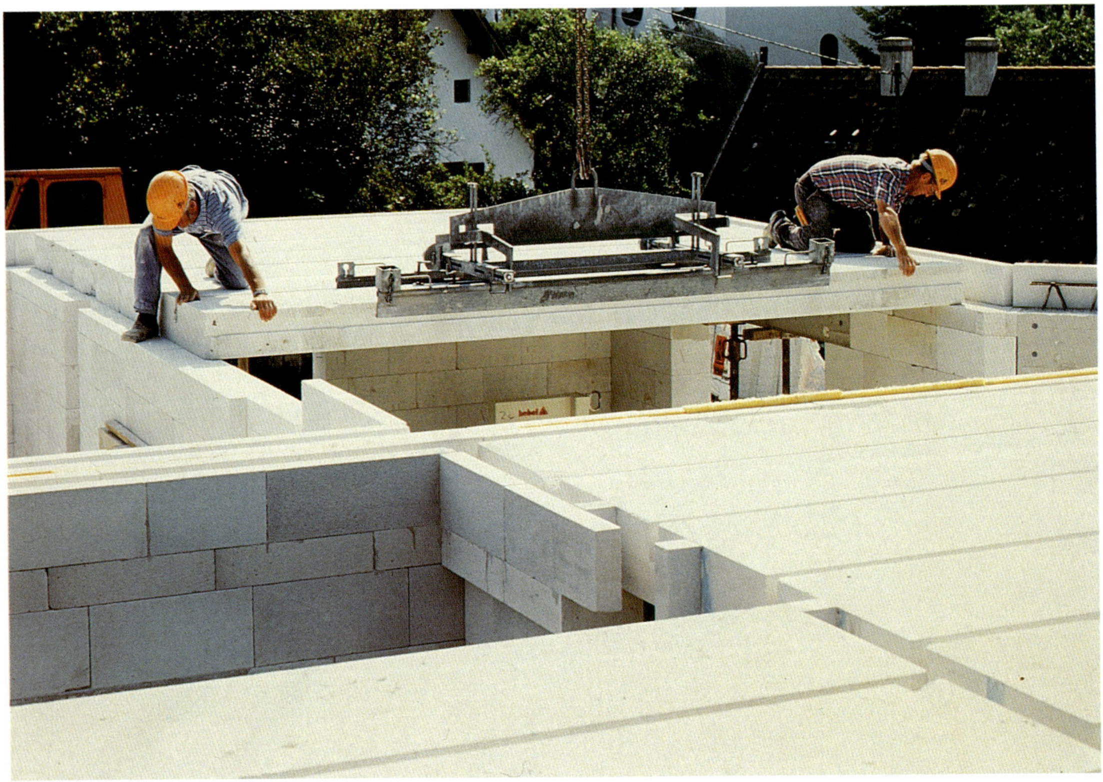

Die zweite Decke, sozusagen die Erdge-
schoß-Decke aus Porenbeton-Elementen,
konnte verlegt werden. Nun war man schon
ein eingespieltes Team, und so war auch das
Verlegen der Decke und dazu notwendige
Betonierungsarbeiten an einem Tag erledigt.
Am Sonntag war endlich Zeit, sich von den
Strapazen auszuruhen – und sich für das
nächste Geschoß vorzubereiten.
Der Sonntag dient zum Ausruhen und um
sich der Familie zu widmen, die während der
Bauzeit vom Vater zwangsläufig vernachläs-
sigt wird. Dieser eine Tag jedoch, das haben
sich die Bauherrn fest vorgenommen, gehört
der Familie.

134

133 Auch bei der Erdgeschoßdecke haben wir einen umlau-
fenden Ringanker, der wie auch die
Deckenfugen – entsprechend nach
Herstellerangaben – mit Baustahl
bewehrt mit Beton verfüllt wird.

134 Nach sechs Tagen ist es geschafft. Das Erdgeschoß ist bis auf die
nichttragenden Innonwände fertig.

132 Wic die Kellerdecke wird
auch die Decke für das Erdgeschoß
mit dem Lkw angeliefert und mit
dem Bordkran verlegt. Mit der nun
schon gewonnenen Erfahrung vom
Verlegen der Kellerdecke geschieht
dies in nur vier Stunden.

Obergeschoß

In der darauffolgenden Woche geht es in der nun schon bewährten Weise weiter: Die für das Obergeschoß benötigten Steine sowie auch Stürze, Rolladenkästen, Treppenstufen und der zum Verarbeiten benötigte Dämmmörtel und Dünnbettmörtel werden vom Hersteller per Lkw angeliefert und vor Ort sogleich auf die Erdgeschoßdecke verteilt. Wie auch schon im Erdgeschoß werden nun wieder die Außenwände sowie die tragenden Innenwände errichtet.

Eine Besonderheit für unseren Häuslebauer war das Anfertigen eines sogenannten Überzuges. Er wird im Gegensatz zum Unterzug über der Decke angeordnet und dient dazu, eine Lastverteilung zu ermöglichen. Das ist zum Beispiel bei hervorkragenden Gebäudeteilen oftmals notwendig.

Die Ausführung des Überzuges ist dank der U-Schalen kein großes Problem. Auf einen 2 cm dicken und der Außenwand entsprechend 30 cm breiten Dämmstreifen (er sorgt für eine bessere Lastverteilung) werden 30er U-Schalen verlegt und nur an ihrer Stirnseite mit Dünnbettmörtel verklebt. Anschließend werden die U-Schalen zur Hälfte mit Mörtel gefüllt und die notwendige Bewehrung anschließend eingelegt. Dann wird das ganze mit Mörtel aufgefüllt und dieser verdichtet.

Im Gegensatz zum Keller und Erdgeschoß muß im Obergeschoß keine Feuchtigkeitssperre mehr eingebaut werden. Die Steine werden aber ebenfalls wie gehabt in ein Mörtelbett gelegt und ausgerichtet. Dann geht es schnell und einfach mit dem Dünnbettmörtel, der nur auf die Lagerfuge aufgezogen wird, weiter. Das Haus wächst zusehends in die Höhe.

Auch der Wettergott hatte ein Einsehen mit unserem Bauherrn, denn die Wetterbedingungen waren geradezu ideal.

Nach einer Woche sind alle notwendigen Außen- und Innenwände fertiggestellt, und die letzte Decke – nämlich die für das Obergeschoß – kann verlegt werden. Da bei der jetzigen Gebäudehöhe der Verlegekran des Lkws nicht mehr an alle Bereiche der zu verlegenden Decke reicht, wurde ein Kranwagen bestellt.

Zum Verlegen der Obergeschoßdecke benötigte der Bauherr deshalb noch einen zusätzlichen Helfer. Dieser mußte den Kranführer durch entsprechende Anweisungen, was Höhe und Richtung der zu verlegenden Platte anbelangte, verständigen.

135   Die auf dem Dämmstreifen verlegten U-Schalen werden entsprechend der Statik bewehrt.

137 Die nächste Lage des Mauer-
werkes wird wie zuvor mit Dünnbettmörtel weiter hochgemauert.

136 Anschließend werden die
U-Schalen mit Mörtel aufgefüllt
und dieser verdichtet.

138 Der Rohbau ist fast fertig. Es
fehlen nur noch die Giebelwände
und der Kniestock, dann kann der
Dachstuhl kommen.

Dachgeschoß

Nach dem Verlegen der Decke und nach den abgeschlossenen Betonierungsarbeiten (Ringanker und Deckenfugen) werden vom Kranwagen noch alle für das Dachgeschoß benötigten Baumaterialien wie Steine und Stürze sowie auch die Bandsäge auf die Obergeschoßdecke gehoben.

Auch die Steine für die leichten Trennwände werden wie bereits in den vorangegangenen Geschossen an die richtige Stelle gesetzt. Das erleichtert später das Einbauen der Trennwände.

Schnell sind nun die Giebelwände und der Kniestock hochgemauert. Wichtig hierbei ist, daß die Mauerwerkshöhe für die diversen Pfettenaufleger eingehalten werden. Da bei den Auflagerpunkten der First- und Mittelpfette hohe Drucklasten wirken, soll die Auflagerfläche mit einer U-Schale gemauert und diese anschließend, wie bereits beschrieben, ausbetoniert werden.

Sechs Wochen nach Baubeginn ist es soweit. Der Rohbau ist fast vollendet, und der Dachstuhl kann aufgestellt werden.

140

141

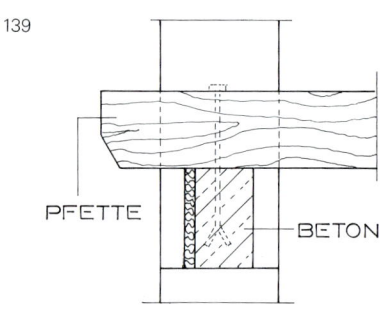

139

PFETTE — BETON

Dachstuhl – Richtfest

Früh morgens kommt der ortsansässige Zimmerer mit dem schon abgebundenen Dachstuhl auf die Baustelle.

Mit Hilfe des Autokrans werden zuerst die Pfetten und anschließend die Sparren montiert. Hier zahlt es sich wiederum aus, daß beim Mauerwerk sauber und maßgenau gearbeitet wurde. Alles paßt, und so steht nach wenigen Stunden der komplette Dachstuhl.

Die für die Aufdachschalung notwendigen Nut- und Feder-Bretter sowie die zur Abdeckung notwendige Dachpappe wird ebenfalls gleich mit dem Kran ins Dachgeschoß transportiert.

Aber bevor mit dem Einschalen des Daches begonnen wird, findet ein Ereignis statt, auf das kein Bauherr verzichtet. Das „Richtfest"! Das zukünftige Wohnzimmer wird mit Tischen und Bänken ausgestattet und für das anstehende Fest dekoriert. Alle Helfer und Handwerker, die bisher beim Bau des Hauses geholfen haben, sind eingeladen.

Nach dem vom Zimmerer gehaltenen Richtspruch – er wünscht dabei den Bauherrn und ihrem Haus für die Zukunft alles Gute – wird bei einem Faß Bier und einer zünftigen Brotzeit das Ereignis gefeiert.

Bevor das Dach zugeschalt werden kann, müssen noch die Zwischenräume von Sparren und Kniestock sowie die Schrägen bei den abgetreppten Giebelwänden fertig gemauert werden. Hierbei müssen sehr viele Steine paßgenau zugeschnitten werden. Die Bandsäge erweist sich hier wieder als hervorragendes Hilfsmittel. Sie erleichtert die Arbeit erheblich.

Bald sind alle Zwischenräume und Schrägen fertig gemauert und es kann mit dem Einschalen des Daches begonnen werden. Bei der Dachkonstruktion hat sich unser Bauherr für eine Aufdachdämmung entschieden. Das heißt der Dachstuhl ist innen sichtbar, und Sparren sowie Pfetten müssen vom Zimmerer gehobelt eingebaut werden. Auf die Schalung (auch sie ist von innen sichtbar) kommt eine Lage Dachpappe.

139 Als Auflager für First- und Mittelpfette wird eine U-Schale (l = 50 cm) ins Mauerwerk eingebaut und mit Mörtel gefüllt. Sie verhindert, daß Risse im Mauerwerk durch die erhöhte Belastung, die der Dachstuhl bringt, entstehen.

140 Zuerst werden die Giebelwände hochgezogen und der Kniestock gemauert.

141 Wenn alle notwendigen Wände im Dachgeschoß stehen, kann der Dachstuhl kommen.

142

143

144

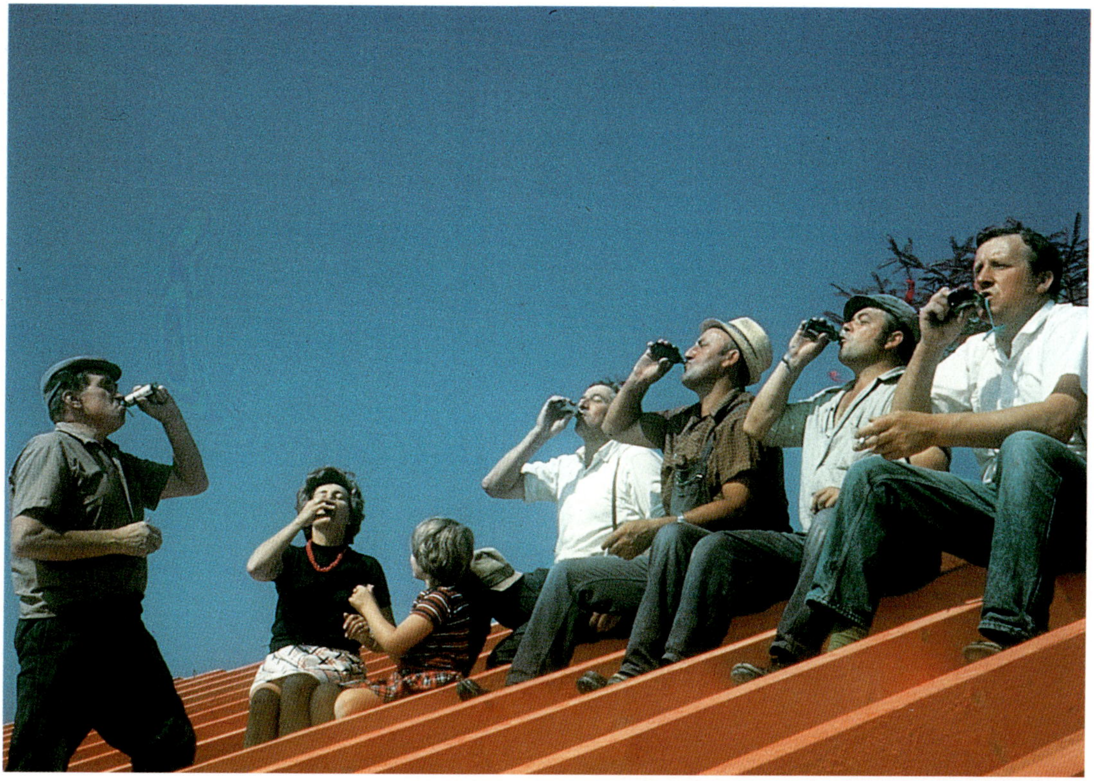

142, 143 Bei Traumwetter wird von den Zimmerleuten der Dachstuhl in wenigen Stunden aufgerichtet.

144 Mit einem guten Schluck feiern alle beim Bau beteiligten Handwerker und Helfer das Richtfest.

145 „Viel ist geschafft und das mit eigner Kraft."

145

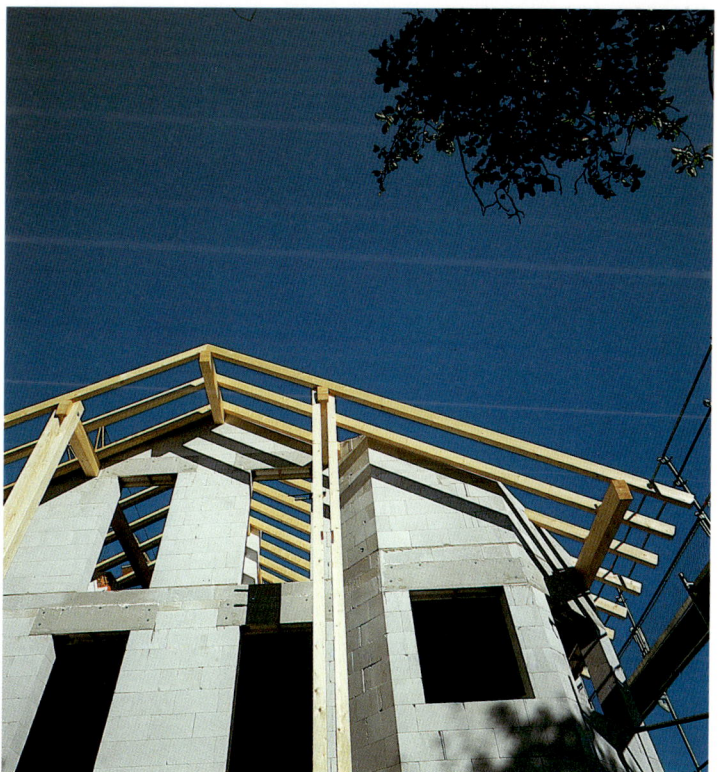

146

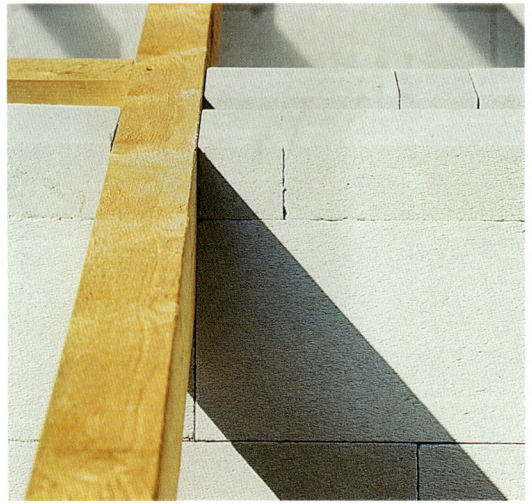

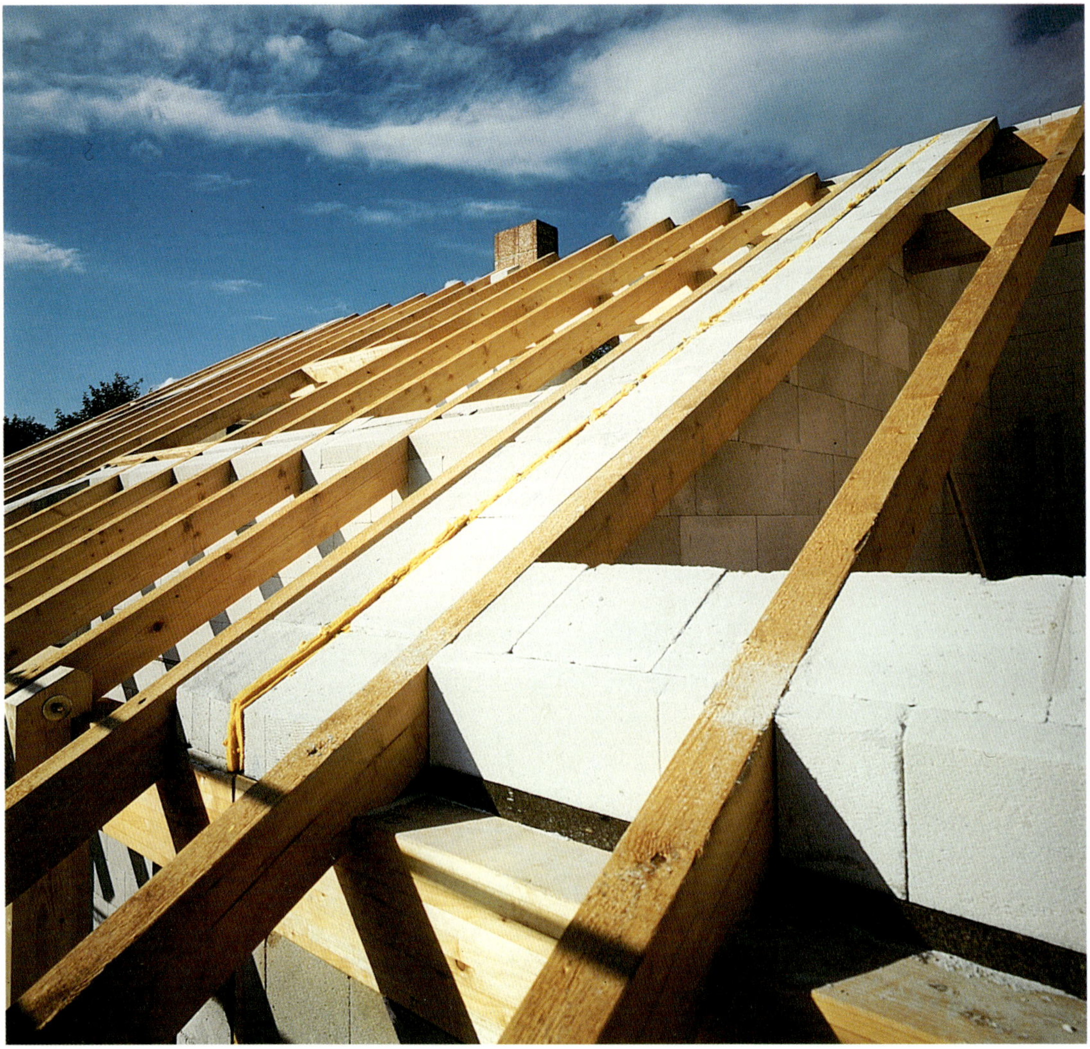

147

146, 147 Mit zugesägten Porenbeton-Steinen werden die Öffnungen zwischen Sparren und Kniestock maßgeschneidert zugemauert.

Anschließend werden die Dämmplatten, 12 cm dicke Poryothan-Schaumplatten, sie sind alukaschiert und zudem mit Dachpappe beschichtet, angenagelt.

Zuletzt wird die Konterlattung und Lattung, die für den Halt der Dachziegel sorgen, aufgenagelt und die Rinnenhaken für die spätere Dachrinne auf den Sparrenenden befestigt. Jetzt kann mit dem Dachdecken begonnen werden. Diese Arbeiten hat unser Bauherr – wie auch den Bau des Dachstuhls – an Fachleute vergeben. Erstens wegen der späteren Gewährleistung, und zweitens ist es nicht jedermanns Sache, in schwindelnder Höhe zu arbeiten.

149

148   Die Bandsäge schneidet exakt die Steine in die gewünschte Form. Vorher wurden die Steine mit dem Bleistift entsprechend angerissen.

149   Der aufgerichtete Dachstuhl wird mit einer Aufdachschalung versehen, die anschließend mit Dachpappe abgedeckt wird. Nun ist das ganze Haus vor Niederschlägen geschützt.

150

150   Als Dacheindeckung wählten die Bauherrn einen Dachziegel der Firma Braas.

151   Jetzt ist das Haus wetter-
geschützt, und es kann mit dem
Innenausbau weitergehen.

152   Blick unter den Dachüber-
stand

Innenwände

Als nächstes werden die Innenwände hochgezogen. Auch hier zeigt sich, daß eine gut geplante Organisation auf der Baustelle sehr hilfreich ist. Die benötigten Steinmengen sind wieder dort, wo sie gebraucht werden, da sie beim Anliefern der Steine schon jeweils an der richtigen Stelle abgesetzt worden sind. Da die Bandsäge bereits im Dachgeschoß ist, beginnt der Bauherr auch dort mit den Zwischenwänden.

Als Innenwanddicke wurde 11,5 cm gewählt. Bei den Innenwänden wird wie bei den Außenwänden die erste Lage im Mörtelbett verlegt. Dabei wird die Stoßfuge schon mit Dünnbettmörtel verklebt. Nach Anlegen der ersten Lage wird diese ebenfalls mit dem Reibebrett oder Porenbeton-Hobel abgeschliffen und anschließend abgekehrt. Die weiteren Reihen werden nur noch mit Dünnbettmörtel verarbeitet. An den vielen anfallenden Schrägen leistet beim Zuschneiden der Steine die Bandsäge wieder unschätzbare Dienste.

Schnell sind die Innenwände auf die Sturzhöhe herangewachsen und die vom Hersteller mitgelieferten und für die Wanddicke passenden Stürze – hierbei handelt es sich um sogenannte „nichttragende Stürze" – konnten gleich mit eingebaut werden.

Um den Innenwänden auch in den Decken beziehungsweise im Dachanschlußbereich Halt zu geben, wird der verbleibende Zwischenraum mit PU-Schaum ausgespritzt. Die nach dem Frhärten des Schaumes hervorquellenden Schaumblasen werden vor dem Verputzen der Wand mit dem Messer abgeschnitten.

153   Die benötigten Steinmengen für die später zu mauernden Innenwände wurden gleich bei jedem Geschoß mit den Steinpaletten für die Außenwände angeliefert und an die spätere Verarbeitungsstelle gesetzt.

Nach den Innenwänden im Dachgeschoß werden Stockwerk um Stockwerk die Innenwände des Ober-, Erd- und Kellergeschosses eingezogen. Die Bandsäge wandert dabei mit, und durch die schon bestehende Treppe ist ihr Transport nach unten kein großes Problem.

154 Wie bei den Außenwänden wird bei den Innenwänden die erste Steinlage in einem Mörtelbett oder bei absolut geraden Deckenflächen noch einfacher auf eine Dachpappe und mit Dünnbettmörtel versetzt.

155 Mit einer zur Mauerwerksstärke passenden Zahnkelle wird der Dünnbettmörtel auf die Stoßfuge aufgezogen und der nächste Stein einfach darangesetzt.

156 Nach Versetzen des Steines wird dieser mit Gummihammer und Wasserwaage ausgerichtet.

157 Anschließend werden gegebenenfalls Unebenheiten mit dem Schleifbrett abgeschliffen.

158   Abkehren von Staubresten
mit dem Handbesen

159   Bei allen weiteren Steinreihen wird der Dünnbettmörtel auf
Stoßfuge und Lagerfuge aufgetragen und die Steine anschließend
darin versetzt.

160   Die notwendigen Paßstücke
für die Dachschräge werden mit
der Bandsäge zurechtgeschnitten
und ebenfalls Im Mörtelbett versetzt. Hierbei ist es oft besser, den
Dünnbettmörtel auf das Paßstück
aufzutragen.

161   Mit den großformatigen Plansteinen geht es schnell voran.

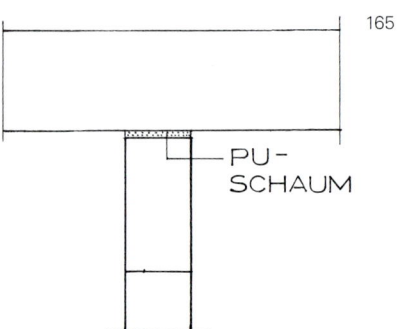

PU-SCHAUM

165

162   Bald können auch die Stürze
gesetzt werden.

163   Wie auch im Dachgeschoß
werden alle Innenwände in den
übrigen Geschossen mit Plansteinen ausgeführt.

164   Auch hier werden für Türöff-
nungen einfach die vom Hersteller
angebotenen Fertigstürze eingebaut (Abmessungen siehe Tabelle
Produktübersicht).

165   Der Anschluß zur Decke wird
mit PU-Schaum ausgespritzt, die
Wand erhält hiermit nochmals
zusätzlichen Halt.

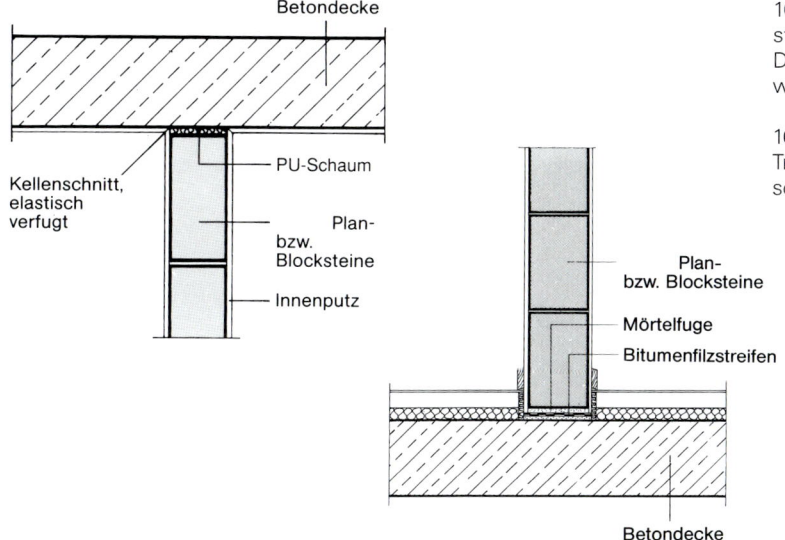

Betondecke

Kellenschnitt,
elastisch
verfugt

PU-Schaum

Plan-
bzw.
Blocksteine

Innenputz

Plan-
bzw. Blocksteine

Mörtelfuge

Bitumenfilzstreifen

Betondecke

166 Mit 7,5 cm dicken Plansteinen werden gleichfalls die
Duschtrennwände sowie die Bade-
wanneneinfassung gemauert.

167 Ausführungsvorschläge für
Trennwand-Anschlüsse, Vertikal-
schnitte

Vorbereitung Innenausbau

Nachdem alle Wände fertig sind, beginnen die Vorbereitungen für den weiteren Innenausbau. Als erstes werden bei den Wänden die möglichen Unebenheiten leicht mit dem Schleifbrett egalisiert. Anschließend geht es nach Anleitung des erstellten Elektroplans daran, alle Leitungen und Bohrungen für die nötigen Schalter und Steckdosen zu fräsen oder zu bohren. Auch hier werden vom Hersteller spezielle Werkzeuge, die das Arbeiten leichter und schneller gestalten, ausgeliehen oder sie können dort erworben werden.

168   Unebenheiten wie Mörtelnasen oder leichte Überstände der Steinreihen werden mit dem Schleifbrett entfernt oder begradigt. Nachdem die Wand dann durch Abkehren von Staubresten befreit worden ist, muß diese später nur noch von einem ca. 0,5 cm dicken Innen- oder vom Hersteller angebotenen Glättputz verputzt werden.

169   Für die Steckdosen werden alle erforderlichen Löcher mit einer Bohrmaschine mit entsprechendem Aufsatz gebohrt.

170   Anschließend werden mit einem Schlitzkratzer die markierten Schlitze für die Elektroleitungen oder für Leerrohre in die Wand geschlitzt. Das geht am besten, indem man eine Latte als Führungshilfe annagelt.

171   Noch schneller geht es mit einer Elektrofräse. Diese hat sich der Bauherr vom Elektromeister, der später die Endmontage macht, ausgeliehen.

Einbau von Fenstern und Türen

Damit das Haus endgültig geschlossen ist, werden alle Außenfenster und -türen eingebaut. Schon vor Baubeginn haben die Bauherren sich bei einem Baustoffhändler für einen Hersteller von Holzfenstern und -türen entschieden und diese jetzt durch Abruf vom Händler auf die Baustelle liefern lassen.
Mit einem Bekannten, der Erfahrung im Einbau von Fenstern und Türen hat, bewerkstelligen unsere Häuslebauer den Einbau. Zuerst werden die Fenster provisorisch mit sogenannten Schladern, die am Fensterrahmen vor dem Setzen des Fensters angenagelt werden, und mit Porenbeton-Nägeln am Mauerwerk befestigt. Nach Ausrichten und endgültigem Sitz der Rahmen werden diese mit Fensterrahmendübeln im Mauerwerk befestigt.

172   Je nach Größe der Fenster oder Türen waren zum Einbau je etwa eine halbe bis eine Stunde notwendig. Nach zwei Tagen waren alle Fenster und Türen eingebaut und das Haus absolut wetterfest.

173   Mit Schladern werden die Fenster mittels Porenbeton-Nägeln (das sind verzinkte Vierkantnägel – hier 5 cm lang) fixiert. Falls keine vom Hersteller angebotenen Porenbeton-Nägel vorhanden sind, verzinkte Nägel verwenden. Diese halten auch im Porenbeton.

174   Auch die für die endgültige Befestigung verwendeten Dübel, hier im Bild Fensterrahmendübel, sollten auf jeden Fall für Porenbeton zugelassen sein (z. B. Fischer, Upat, Tox).

175   Beim Bohren der erforderlichen Dübellöcher auf keinen Fall der Schlagbohrer verwenden. Der normale Bohrgang ist ausreichend. Zuletzt wird das Fenster ringsum mit PU-Schaum ausgespritzt.

173

102

172

174

175

Dübeltyp	zulässige Belastung je Dübel						Einbaubedingungen		
	für Wände aus: Plan- und Blocksteinen, Wandtafeln und Elementen, Wandplatten sowie für Dach- und Deckenplatten				im Zugzonenbereich von Dach- und Deckenplatten		mind. Bauteildicke	mind. Randabstand	mind. Achsabstand
	Festigkeitsklasse						Es wird darauf hingewiesen, daß untenstehende Zahlen Höchstwerte darstellen. Für G 2 sind z.T. geringere Randabstände möglich (siehe Zulassung).		
	GP 2 G 2	≥ GP 4 ≥ G 4	GB 3,3	GB 4,4	GB 3,3	GB 4,4			
	kN				kN		cm		
Fischer Dübel Zul.-Nr. Z-21.2-123 nur in Verbindung mit Sicherheitsschraube									
GB 8	0,2	0,4	0,3	0,4	–	–	7,5	10	15
GB 10	0,3	0,8	0,5	0,8	–	–	10	15	20
GB 14	0,5	1,2	0,8	1,2	0,3	0,3	20[1]	20	30
Fischer Injektions-Anker spreizdruckfrei Zul.-Nr. Z-21.3-61									
FIH 6	0,6	1,0	0,9	1,0	0,3	0,5	9	20	10
FIM 8	0,7	1,2	1,0	1,2	0,5	0,8	8	20	10
FIM 10	0,8	1,4	1,2	1,4	0,8	0,8	9	20	20
FIM 12	1,0	1,6	1,4	1,6	0,8	0,8	10	30	25
FIM 8L	0,7	1,2	1,0	1,2	0,5	0,8	12	20	10
FIM 10L	0,8	1,4	1,2	1,4	0,8	0,8	12	20	20
FIM 12L	1,0	1,6	1,4	1,6	0,8	0,8	13	30	25
Hilti Dübel spreizdruckfrei Zul.-Nr. Z-21.2-235									
HGS M 6	0,4	0,8	0,6	0,8	–	0,3	24[2]/10[3]	15	15
HGS M 8	0,5	1,0	0,8	1,0	0,3	0,5	24[2]/15[3]	20	20
HGS M 10	0,8	1,5	1,2	1,5	0,5	0,8	24[2]/20[3]	24	30
MEA Dübel Zul.-Nr. Z-21.2-378									
GB 12	0,3	0,8	0,5	0,8	–	–	12	15[4]	20

[1] Bei Verwendung in der Zugzone ≥ 15 cm
[2] Für Planstein-Mauerwerk
[3] Für geschoßhohe tragende Wandtafeln und bei bewehrten Dach- und Deckenplatten in der aus Lastspannung erzeugten Zugzone
[4] Bei Querzugbeanspruchung und bei Ausnutzung der zul. Lasten, Randabstände wie Achsabstände.

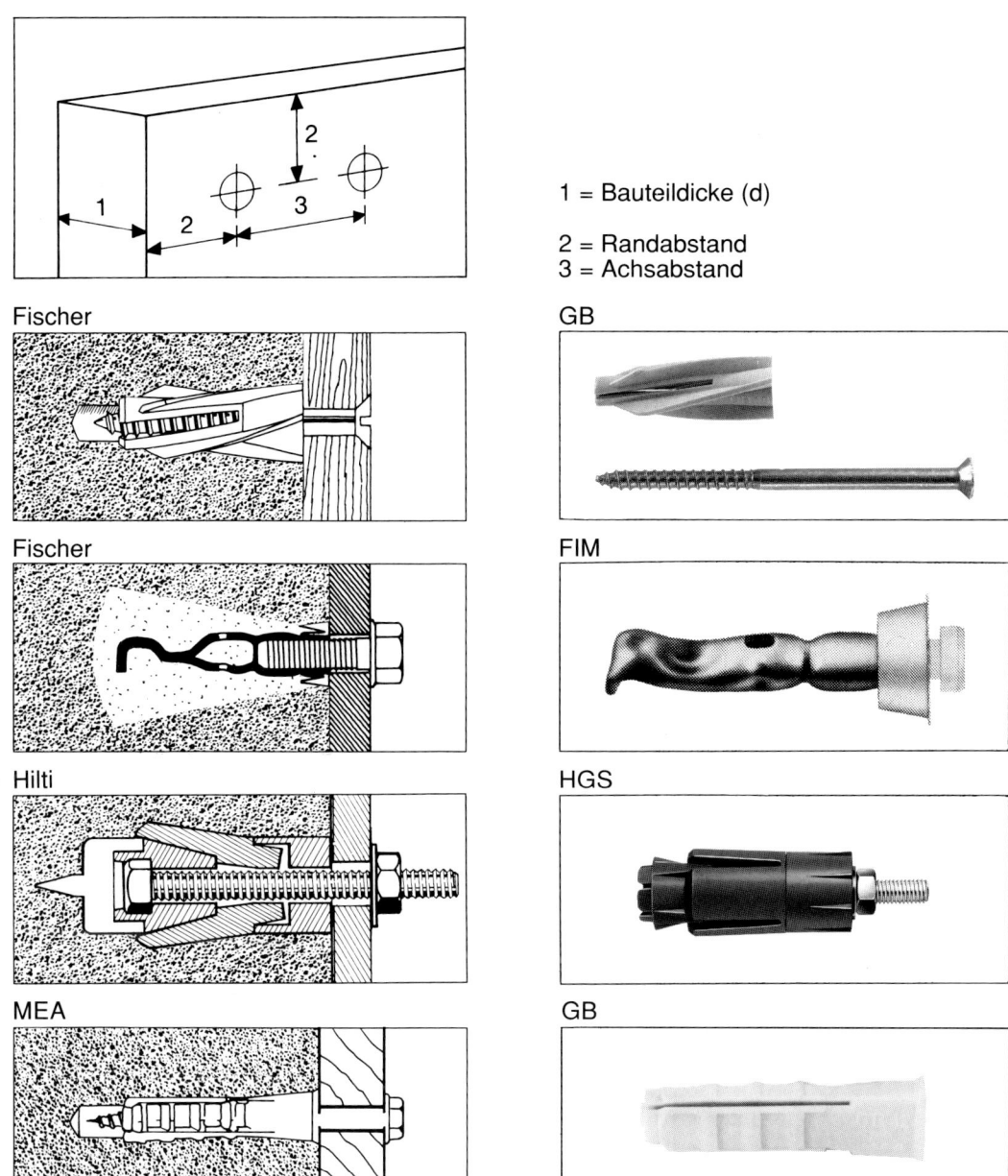

1 = Bauteildicke (d)

2 = Randabstand
3 = Achsabstand

Fischer

Fischer

Hilti

MEA

GB

FIM

HGS

GB

177   Weitere Einzelheiten sind
den Zulassungen und den Informa-
tionsschriften der Dübelhersteller
zu entnehmen. Die darin enthaltenen Bestimmungen sind zu
beachten.

Einbauten
aus Porenbeton-Steinen

Schon bei Planung seines Hauses hat unser Bauherr beschlossen, bestimmte Einbauten wie Regale, Werkbänke oder Arbeitstische im Hobbykeller und Waschküche mit Steinen zu bauen. Auch ein Schreibtisch im späteren Büro sollte aus Porenbeton-Steinen gebaut werden. Die Ideen und Anregungen für dieses Unterfangen hatten die Bauherren aus einem Prospekt des Porenbeton-Herstellers aufgegriffen. Da es insbesondere mit der Bandsäge ein leichtes ist, die Steine zu schneiden und ihnen fast jede beliebige Form zu geben, bietet sich diese Alternative zu gekauften Möbelstücken an. Zudem kann alles paßgenau und auf die individuellen Bedürfnisse der Hausbewohner geplant und entsprechend gebaut werden.

Auch eine Kostenersparnis gegenüber gekaufter Möbel ist auf jeden Fall ein zusätzlicher positiver Aspekt.

178　Ansicht des Bartresens
während des Baus

Einbauten im Keller

Kellerbar

Material
Bartresen: Planbauplatten 54 × 50/25/7,5
und 3 × 75/50/10
Eckbank: Planbauplatten 25 × 50/25/7,5
und 6 × 50/25/10 und 13 × 62,5/25/10;
Material zum Verputzen und Malern,
Regalböden für Tresen.

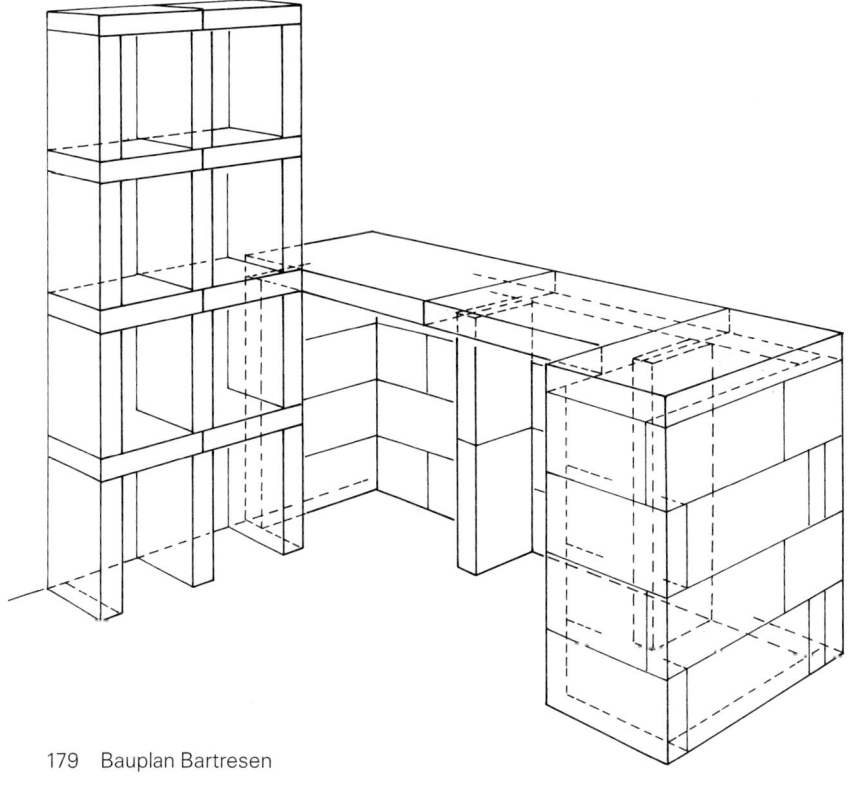

179   Bauplan Bartresen

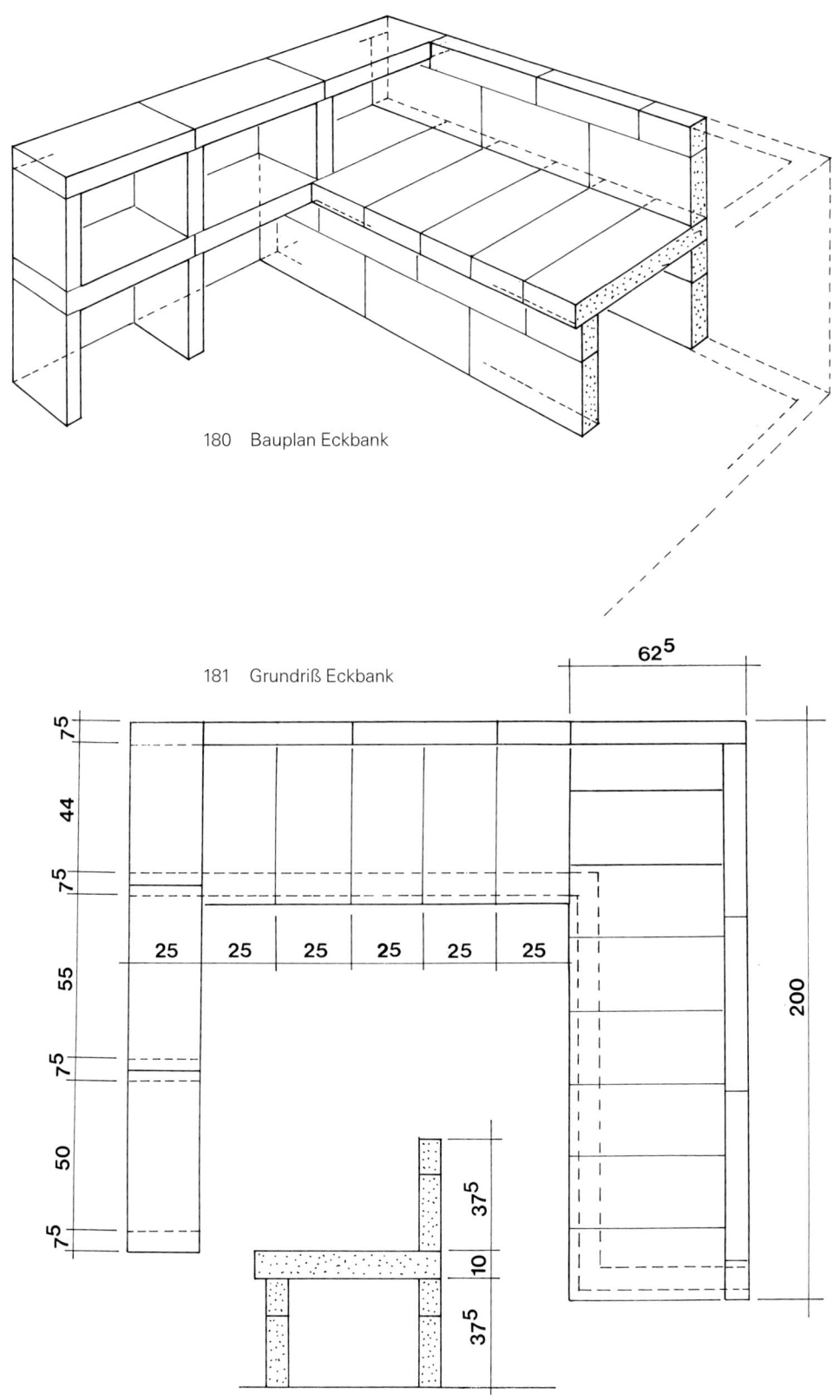

180 Bauplan Eckbank

181 Grundriß Eckbank

62⁵

75

44

7⁵

55

7⁵

50

7⁵

25 25 25 25 25 25

200

37⁵

10

37⁵

182   Die fertige Kellerbar, bereit
für kommende Feste

Werkbank mit Regal

183 Die Werkbank vor dem Verputzen

184 Kurz vor der Fertigstellung

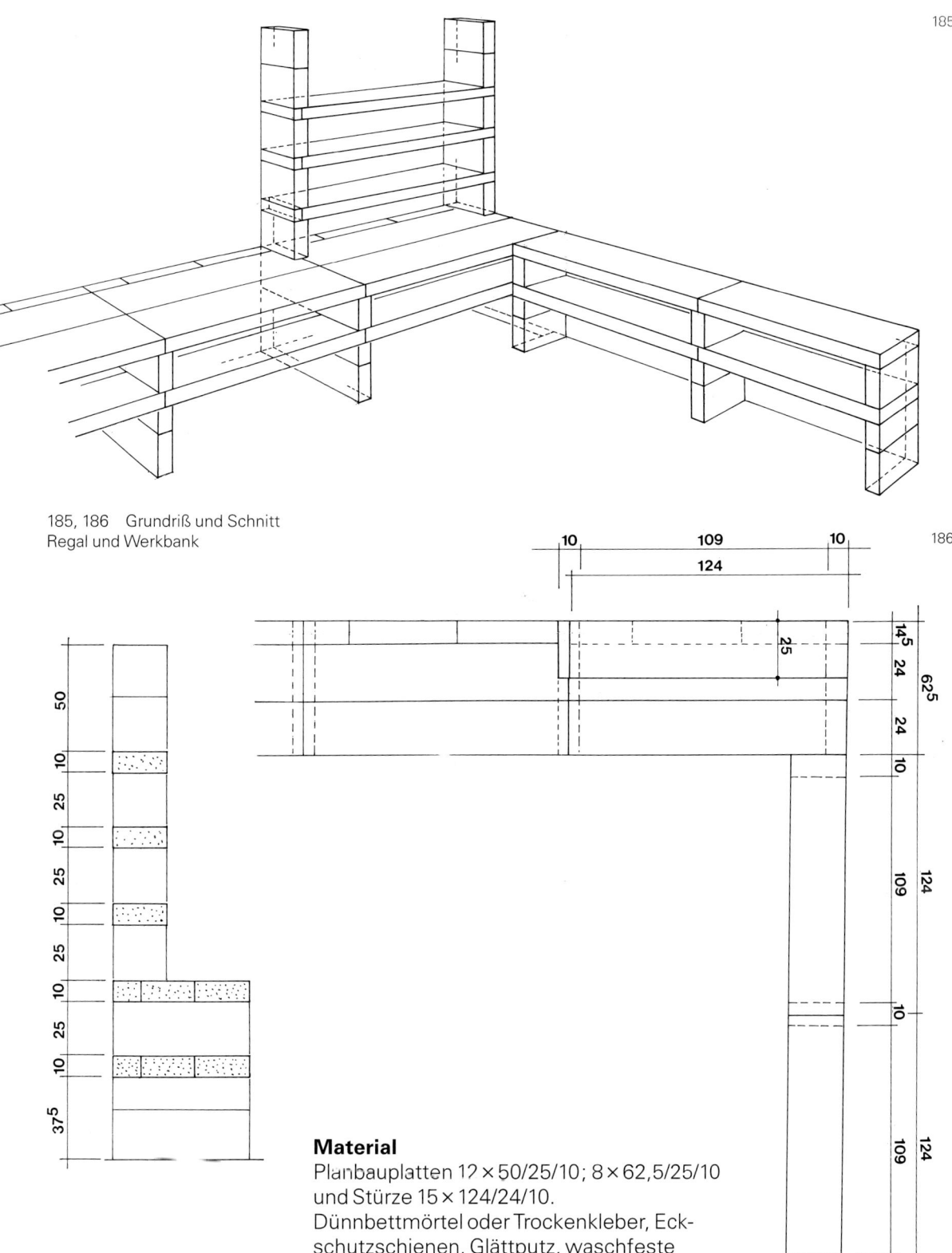

185, 186 Grundriß und Schnitt
Regal und Werkbank

185

186

Material

Planbauplatten 12 × 50/25/10; 8 × 62,5/25/10
und Stürze 15 × 124/24/10.
Dünnbettmörtel oder Trockenkleber, Eckschutzschienen, Glättputz, waschfeste
Farbe, Glasbetonnägel.

10   109   10

124

25

14⁵

24

62⁵

24

10

124

109

10

124

109

10

50

10

25

10

25

10

25

10

25

10

37⁵

Waschtisch

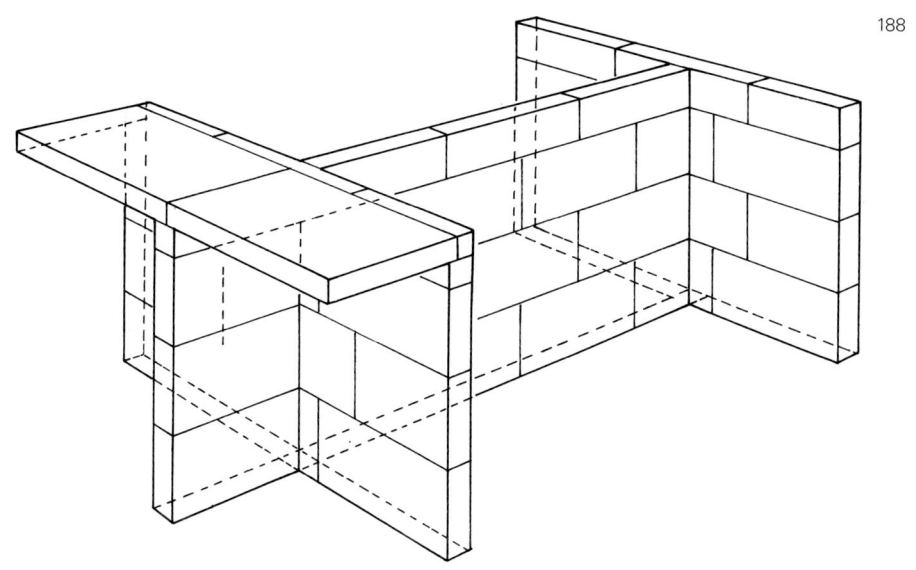

Material
Planbauplatten 47 × 50/25/7,5
und 2 × 75/50/7,5
Fliesen, Sanitärbedarf.

188, 189   Bauplan Waschtisch

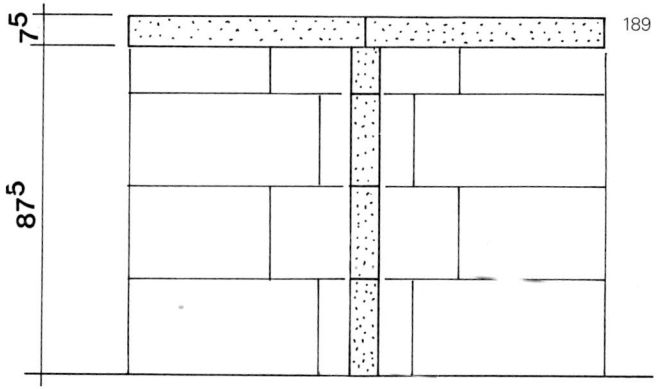

189

187   Ein idealer Arbeitsplatz in der
Waschküche. Waschmaschine und
Trockner sind im Waschtisch inte-
griert, und die gefliese Oberfläche
des Tisches bietet viel Platz zum
Abstellen oder zum Arbeiten.

Einbauten im Dachgeschoß

Schreibtisch

190

190—192 Optimale Raumausnut-
zung durch einen den Gegeben-
heiten angepaßten Einbau unter
der Dachschräge

191

Material

40 Planbauplatten 50/25/7,5 und
4 Stürze 124/24/7,5
Dünnbettmörtel, Eckschutzschienen,
Glättputz, Farbe, Regalböden.

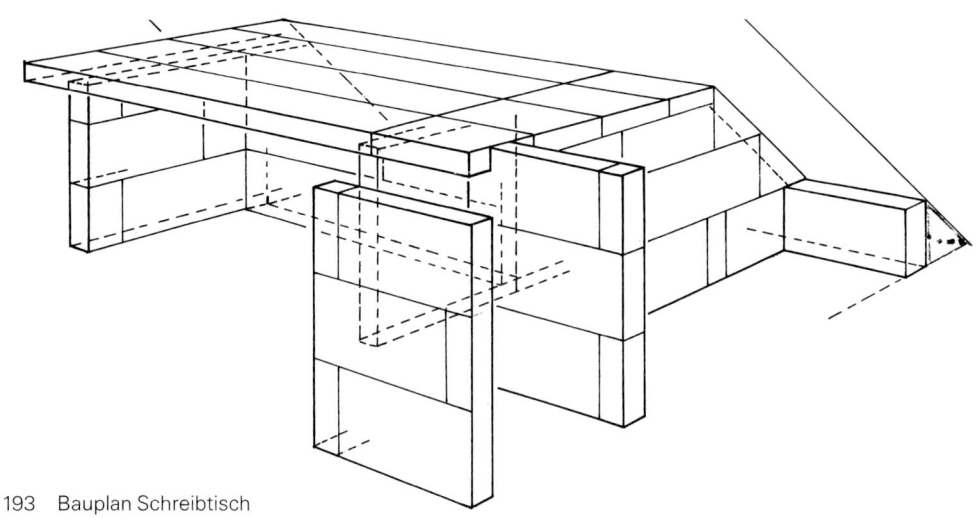

193   Bauplan Schreibtisch

194   Grundriß Schreibtisch

195   Ein Regal gliedert den
großen Wohnraum

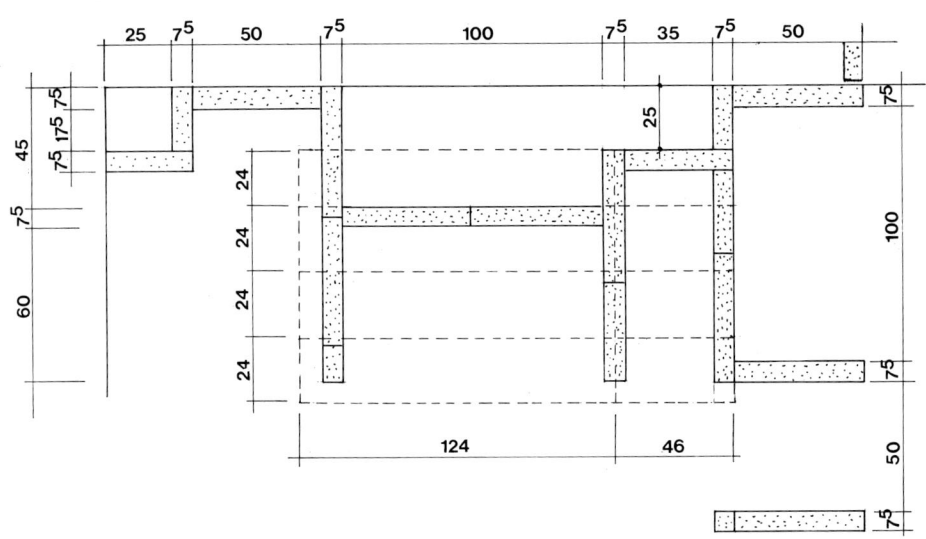

Einbauten in Erd- und Obergeschoß

Raumteiler

Material
Planbauplatten. Raumteiler: 58×50/25/7,5
Schrauben, Dübel, Spanplatte, Klavierband,
Trockenkleber, Eckschutzschienen, Glätt-
putz, Farbe.

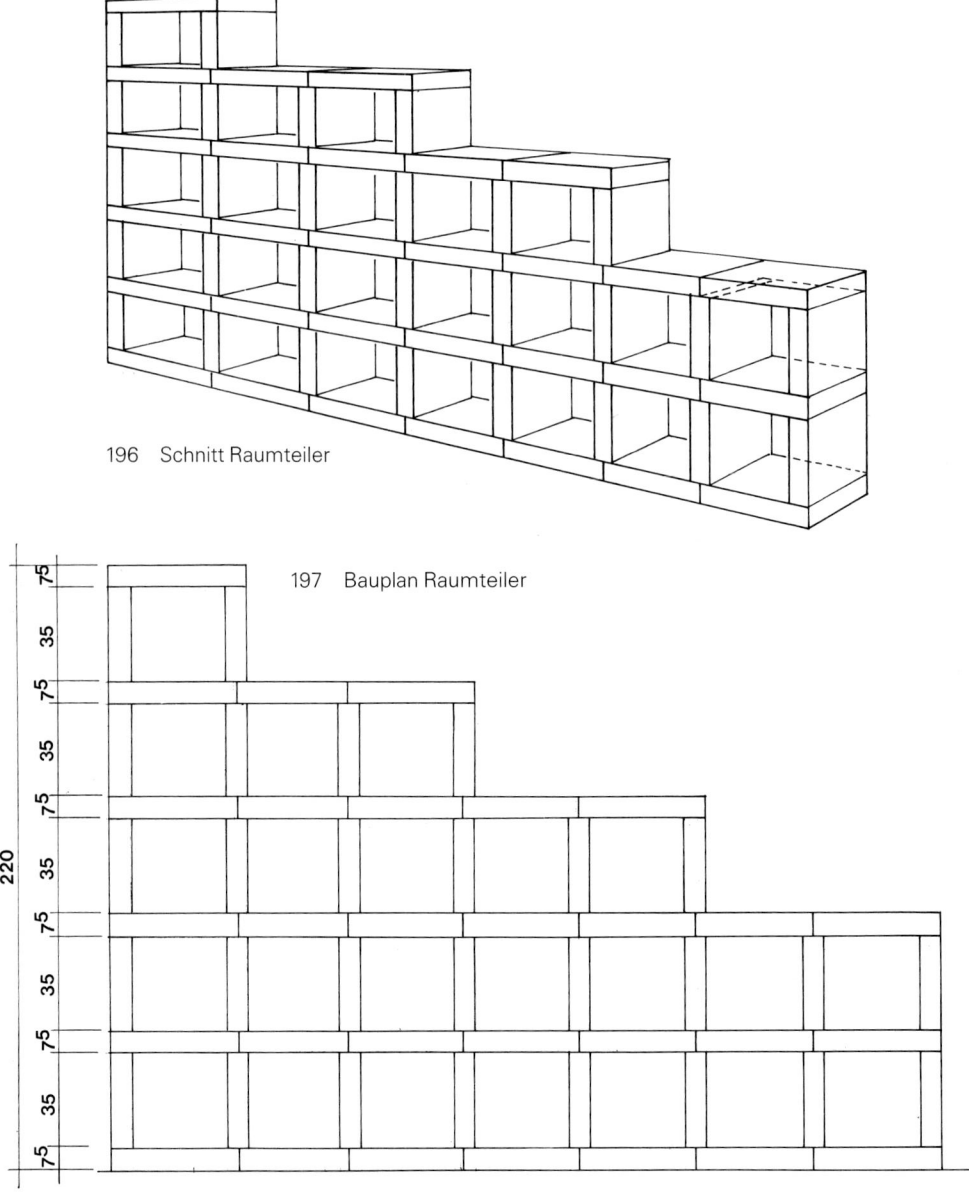

196   Schnitt Raumteiler

197   Bauplan Raumteiler

198   Ein Raumteiler als raum-
gestaltendes Element für das
Zimmer. Er trennt den Schlafbe-
reich vom übrigen Zimmer ab.

Mobile Regalwand

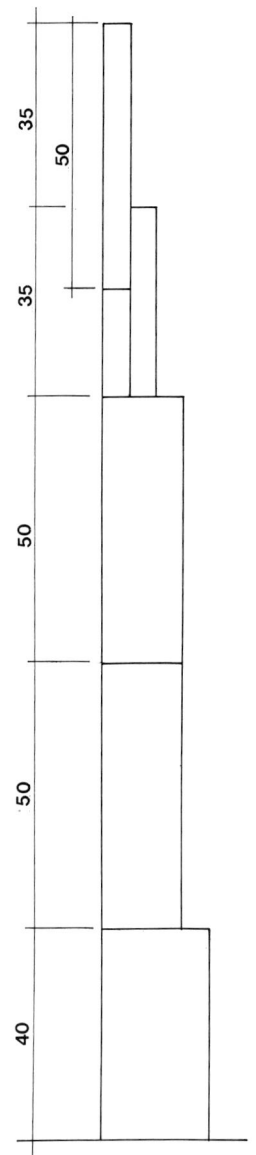

200

35
50
35
50
50
40

199   Bauplan Regalpfeiler

200   Schnitt Regalpfeiler

Material
Planbauplatten: 11 × 50/25/5 und 4 × 50/25/
15 und 2 × 50/25/20 und 2 × 50/25/25 und
1 × 50/25/30
Trockenkleber, Eckschutzschienen,
Glättputz, Farbe, Glasböden.

201   Zwischen die Pfeiler aus
Porenbeton-Steinen werden Glas-
platten gelegt.

Das fertige Haus

Da dieses Buch – was den Bauablauf betrifft – vor allem die Rohbauphase beschreibt, möchten wir doch zum Ende das inzwischen fertige Haus vorstellen. Seit Baubeginn sind zwei Jahre vergangen, und die Außenanlagen wurden von den Bauherren ebenfalls in Eigenleistung fertiggestellt.

„Ich möchte die Zeit des Hausbaus nicht missen", erklärt uns der Bauherr. Trotz vieler Strapazen und dem Verzicht auf Freizeit wiegt das hierbei Gewonnene leicht die Mühen auf. Wenn man alle Stunden zusammenaddiert, die der Bauherr und dessen Helfer auf der Baustelle verbrachten, kommt man auf ca. 1000 Stunden, die notwendig waren, um den Rohbau wie beschrieben fertigzustellen.

Viele Stunden einerseits, aber dabei ist ein wunderbares Gefühl entstanden: Mit eigener Kraft und Willen sich das erträumte Eigenheim selbst gebaut zu haben. Dank guter Planung und realistischer Selbsteinschätzung wurde das Bauvorhaben zu keinem Alptraum, sondern zum Traumhaus.

Dieses Buch, liebe Leser, soll Ihnen bei diesem Unterfangen helfen, viel Glück und Erfolg dabei.

202   Ansicht von Süden

203

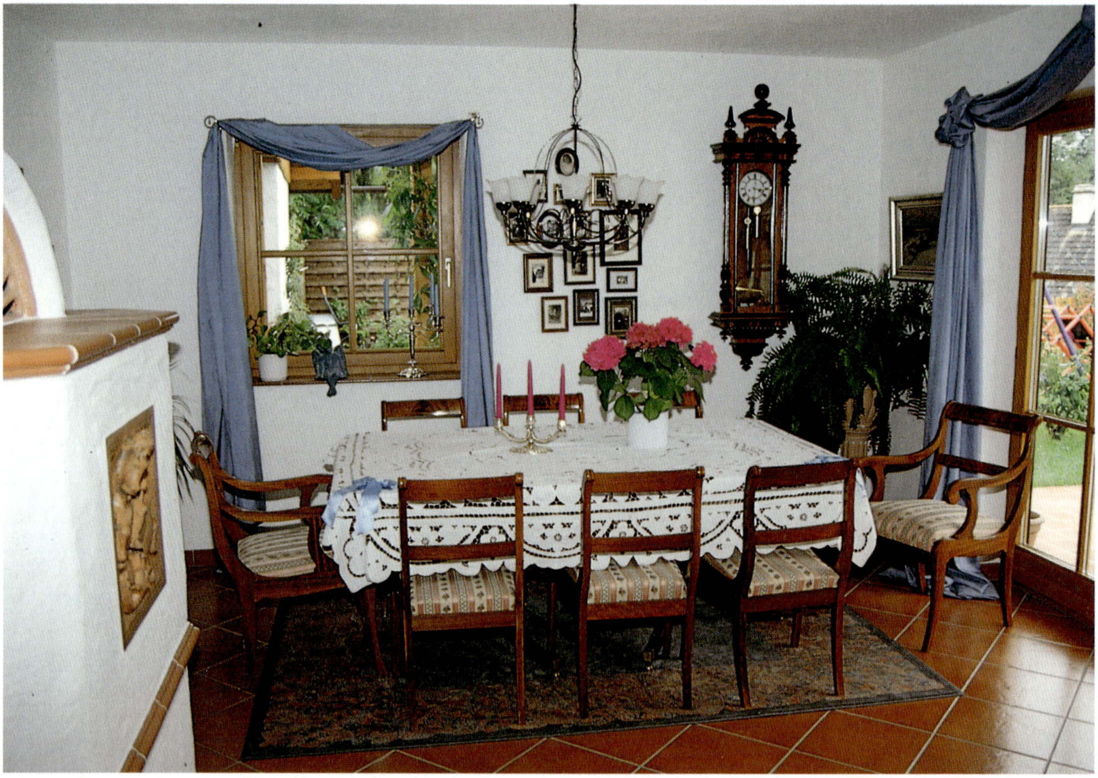

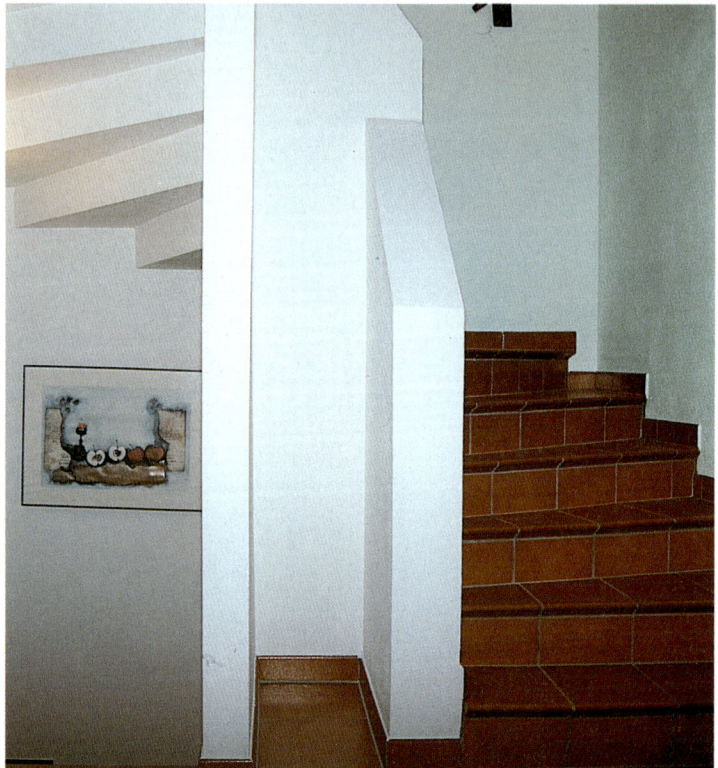

204

203–205 Zwei Jahre nach dem ersten Spatenstich, das Haus ist fertig und der Garten bereits eingewachsen.

Anhang

Dank

An dieser Stelle möchte ich es nicht versäumen, mich bei den Menschen zu bedanken, die mich bei der Arbeit zu diesem Buch hilfreich unterstützt haben.

Herrn Volker Preiß von Hebel Marketing und Herrn Chmela von CTI, die mich mit den aktuellsten Tabellen und Produktinformationen über Porenbeton versorgt haben. Mein besonderer Dank gilt meiner Frau Birgit, die meine handgeschriebenen Texte in den PC eingegeben hat, wodurch ich ordentliche Rohlayouts erhielt. Letztendlich möchte ich mich bei meinem Verlag für die gute und harmonische Zusammenarbeit bedanken, denn sonst wäre dieses Buch nicht machbar gewesen.

Bildachweis

Alle Fotos von Jürgen Ropönus Communiation, München, bis auf die Abbildungen 178, 182, 183, 184, 187, 190–192, 195, 198 und 201, die Studio 2000, Hamburg, aufgenommen hat. Zeichnungen von Peter Jocher und Tabellen von Hebel AG, Emmering.

Besonderer Hinweis

Bevor Sie an die Verwirklichung der Projekte des Buches gehen, prüfen Sie bitte die Bauvorschriften. Fachmännischer Rat ist wichtig bei Arbeiten, die Installation und Elektrizität betreffen. Obwohl die Anleitungen in diesem Buch nach bestem Wissen und mit Sorgfalt gemacht wurden, kann der Verlag keine Verantwortung übernehmen für Nachteile, Schäden oder Verletzungen, die bei Befolgen der Arbeitsanleitungen entstehen.

Alle in diesem Buch enthaltenen Angaben, Daten, Ergebnisse etc. wurden vom Autor nach bestem Wissen erstellt und von ihm und dem Verlag mit größtmöglicher Sorgfalt überprüft. Gleichwohl sind inhaltliche Fehler nicht vollständig auszuschließen. Daher erfolgen die Angaben etc. ohne jegliche Verpflichtung oder Garantie des Verlags oder des Autors. Beide übernehmen deshalb keine Verantwortung und Haftung für etwaige inhaltliche Unrichtigkeiten und deren sämtliche Folgewirkungen.

Für weitere Informationen steht Ihnen die Hebel AG, Abteilung Marketing, Postfach 1353, 82243 Fürstenfeldbruck, Telefon 0 81 41–9 80, zur Verfügung.